国家基本职业培训包（指南包 课程包）

网络与信息安全管理员

人力资源社会保障部职业能力建设司编制

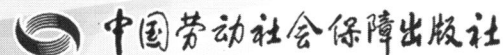

图书在版编目(CIP)数据

网络与信息安全管理员 / 人力资源社会保障部职业能力建设司编制. -- 北京：中国劳动社会保障出版社，2023

国家基本职业培训包：指南包 课程包

ISBN 978-7-5167-5685-0

Ⅰ.①网… Ⅱ.①人… Ⅲ.①计算机网络-信息安全-安全管理-职业培训-教材 Ⅳ.①TP393.08

中国版本图书馆 CIP 数据核字（2022）第 220373 号

中国劳动社会保障出版社出版发行

（北京市惠新东街 1 号 邮政编码：100029）

*

北京市科星印刷有限责任公司印刷装订 新华书店经销

880 毫米 ×1230 毫米 16 开本 5.75 印张 102 千字

2023 年 6 月第 1 版 2024 年 8 月第 4 次印刷

定价：18.00 元

营销中心电话：400-606-6496

出版社网址：http://www.class.com.cn

版权专有 侵权必究

如有印装差错，请与本社联系调换：（010）81211666

我社将与版权执法机关配合，大力打击盗印、销售和使用盗版图书活动，敬请广大读者协助举报，经查实将给予举报者奖励。

举报电话：（010）64954652

编制说明

为深入贯彻落实党的二十大关于"健全终身职业技能培训制度"的部署要求，按照《"十四五"职业技能培训规划》有关职业培训包开发应用工作安排，我部将修订完善和组织开发一批培训需求量大的国家基本职业培训包，在全国范围内培育一批职业培训包应用培训机构。

职业培训包开发工作是新时期职业培训领域的一项重要基础性工作，旨在形成以综合职业能力培养为核心、以技能水平评价为导向，实现职业培训全过程管理的职业技能培训体系，这对于进一步提高培训质量，加强职业培训规范化、科学化管理，促进职业培训与就业需求的有效衔接，推行终身职业技能培训制度具有积极的作用。

国家基本职业培训包由指南包、课程包和资源包三个子包构成，是集培养目标、培训要求、培训内容、课程规范、考核大纲、教学资源等为一体的职业培训资源总和，是职业培训机构对劳动者开展政府补贴职业培训服务的工作规范和指南。

国家基本职业培训包遵循《职业培训包开发技术规程（试行）》的要求，依据国家职业技能标准和企业岗位技术规范，结合新经济、新产业、新职业发展编制，力求客观反映现阶段本职业（工种）的技术水平、对从业人员的要求和职业培训教学规律。

《国家基本职业培训包（指南包 课程包）——网络与信息安全管理员》是

编制说明

在各有关专家的共同努力下完成的。参加编写的主要人员有黄镇、何晓霞、樊亦胜、穆潇、钟建成、宁洪丽、吴伊欣、张月红、谭超、王磊、朱峰、任健、陈奇，参加审定的主要人员有谭成翔、李欣、俞雪丽、于春鹏、吴宇，在编制过程中得到了公安部第三研究所、上海海盾安全技术培训中心、上海建桥学院、上海电子信息职业技术学院、上海信息技术学校、上海华盾职业技能培训有限公司、上海企顺信息系统有限公司等有关单位的大力支持，在此一并致谢。

人力资源社会保障部职业能力建设司

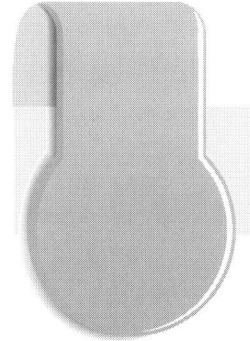

目 录

1 指 南 包

1.1 职业培训包使用指南 …………………………………………………………002
1.1.1 职业培训包结构与内容 ………………………………………………002
1.1.2 培训课程体系介绍 ……………………………………………………003
1.1.3 培训课程选择指导 ……………………………………………………011

1.2 职业指南 ………………………………………………………………………012
1.2.1 职业描述 ………………………………………………………………012
1.2.2 职业培训对象 …………………………………………………………012
1.2.3 就业前景 ………………………………………………………………012

1.3 培训机构设置指南 ……………………………………………………………013
1.3.1 师资配备要求 …………………………………………………………013
1.3.2 培训场所设备配置要求 ………………………………………………013
1.3.3 教学资料配备要求 ……………………………………………………014
1.3.4 管理人员配备要求 ……………………………………………………014
1.3.5 管理制度要求 …………………………………………………………014

2 课 程 包

2.1 培训要求 ………………………………………………………………………016
2.1.1 职业基本素质培训要求 ………………………………………………016
2.1.2 四级/中级工职业技能培训要求(网络安全管理员、信息安全管理员)…017

目录

- 2.1.3 三级/高级工职业技能培训要求（网络安全管理员、信息安全管理员）…019
- 2.1.4 二级/技师职业技能培训要求（网络安全管理员）…021
- 2.1.5 二级/技师职业技能培训要求（信息安全管理员）…023
- 2.1.6 一级/高级技师职业技能培训要求（网络安全管理员）…025
- 2.1.7 一级/高级技师职业技能培训要求（信息安全管理员）…027

2.2 课程规范…029
- 2.2.1 职业基本素质培训课程规范…029
- 2.2.2 四级/中级工职业技能培训课程规范（网络安全管理员、信息安全管理员）…033
- 2.2.3 三级/高级工职业技能培训课程规范（网络安全管理员、信息安全管理员）…040
- 2.2.4 二级/技师职业技能培训课程规范（网络安全管理员）…047
- 2.2.5 二级/技师职业技能培训课程规范（信息安全管理员）…053
- 2.2.6 一级/高级技师职业技能培训课程规范（网络安全管理员）…058
- 2.2.7 一级/高级技师职业技能培训课程规范（信息安全管理员）…064
- 2.2.8 培训建议中培训方法说明…070

2.3 考核规范…071
- 2.3.1 职业基本素质培训考核规范…071
- 2.3.2 四级/中级工职业技能培训理论知识考核规范（网络安全管理员、信息安全管理员）…072
- 2.3.3 四级/中级工职业技能培训操作技能考核规范（网络安全管理员、信息安全管理员）…074
- 2.3.4 三级/高级工职业技能培训理论知识考核规范（网络安全管理员、信息安全管理员）…074
- 2.3.5 三级/高级工职业技能培训操作技能考核规范（网络安全管理员、信息安全管理员）…076
- 2.3.6 二级/技师职业技能培训理论知识考核规范（网络安全管理员）…076
- 2.3.7 二级/技师职业技能培训操作技能考核规范（网络安全管理员）…078
- 2.3.8 二级/技师职业技能培训理论知识考核规范（信息安全管理员）…078
- 2.3.9 二级/技师职业技能培训操作技能考核规范（信息安全管理员）…080
- 2.3.10 一级/高级技师职业技能培训理论知识考核规范（网络安全管理员）…080
- 2.3.11 一级/高级技师职业技能培训操作技能考核规范（网络安全管理员）…082
- 2.3.12 一级/高级技师职业技能培训理论知识考核规范（信息安全管理员）…083
- 2.3.13 一级/高级技师职业技能培训操作技能考核规范（信息安全管理员）…084

1 指南包

1.1 职业培训包使用指南

1.1.1 职业培训包结构与内容

网络与信息安全管理员职业培训包由指南包、课程包、资源包三个子包构成，结构如图1所示。

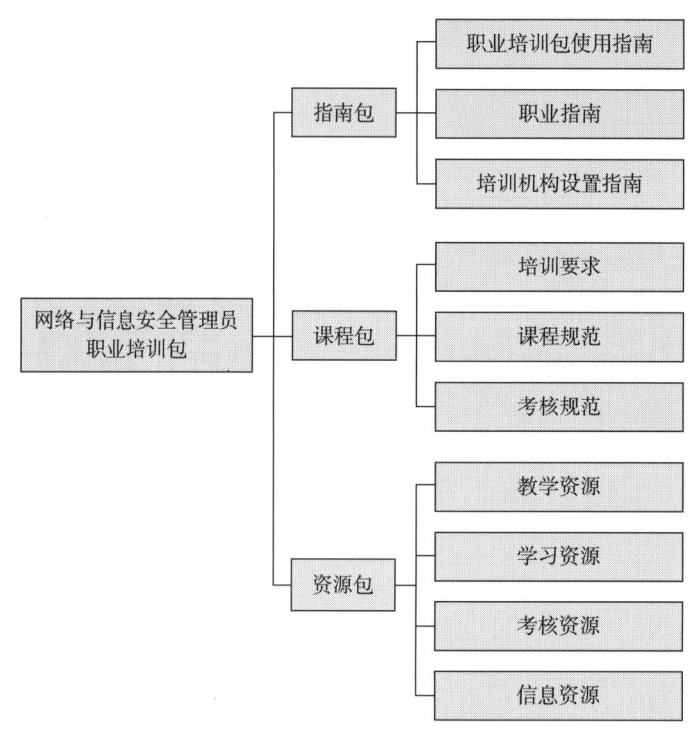

图1 职业培训包结构图

指南包是指导培训机构、培训教师与学员开展职业培训的服务性内容总和，包括职业培训包使用指南、职业指南和培训机构设置指南。职业培训包使用指南是培训教师与学员了解职业培训包内容、选择培训课程、使用培训资源的说明性文本。职业指南是对职业信息的概述。培训机构设置指南是对培训机构开展职业培训提出的具体要求。

课程包是培训机构与教师实施职业培训、培训学员接受职业培训必须遵守的规范总和，包括培训要求、课程规范、考核规范。培训要求是参照国家职业技能标准、结合职业岗位工作实际需求制定的职业培训规范。课程规范是依据培训要求、结合职业培训教学规律，对课程内容、培训方法、课堂学时等所做的统一规定。考核规范是针对课程规范中所规定的课程内容开发的，能够科学评价培训学员过程性学习效果与终结性培训成果的规则，是客观衡量培训学员职业基本素质与职业技能水平的标准，也是实施职业培训过程性与终结性考核的依据。

资源包是依据课程包要求，基于培训学员特征，遵循职业培训教学规律，应用先进职业培训课程理念而开发的多媒介、多形式的职业培训与考核资源总和，包括教学资源、学习资源、考核资源和信息资源。教学资源是为培训教师组织实施职业培训教学活动提供的相关资源。学习资源是为培训学员学习职业培训课程提供的相关资源。考核资源是为培训机构和教师实施职业培训考核提供的相关资源。信息资源是为培训教师和学员拓宽视野提供的体现科技进步、职业发展的相关动态资源。

1.1.2 培训课程体系介绍

网络与信息安全管理员职业培训课程体系依据职业技能等级分为职业基本素质培训课程、四级/中级工职业技能培训课程、三级/高级工职业技能培训课程、二级/技师职业技能培训课程、一级/高级技师职业技能培训课程，每一类课程包含模块、课程和学习单元三个层级。网络与信息安全管理员职业培训课程体系均源自本职业培训包课程包中的课程规范，以学习单元为基础，形成职业层次清晰、内容丰富的"培训课程超市"。

网络与信息安全管理员职业培训课程学时分配一览表

职业技能等级	课堂学时		其他学时	培训总学时
	职业基本素质培训课程	职业技能培训课程		
四级/中级工	24	56	80	160
三级/高级工	24	56	80	160
二级/技师	16	40	64	120
一级/高级技师	0	40	40	80

注：课堂学时是指培训机构开展的理论课程教学及实操课程教学的建议最低学时数。除课堂学时外，培训总学时还应包括岗位实习、现场观摩、自学自练等其他学时。

（1）职业基本素质培训课程

模块	课程	学习单元	课堂学时
1. 职业认知与职业道德	1-1 职业认知	职业认知	1
	1-2 职业道德基本知识	道德与职业道德	1
	1-3 职业守则	网络与信息安全管理员的职业守则	1

续表

模块	课程	学习单元	课堂学时
2．计算机相关知识	2-1 计算机硬件基础知识	计算机硬件	1
	2-2 计算机软件基础知识	计算机软件	1
	2-3 操作系统基础知识	操作系统	1
	2-4 数据库基础知识	数据库	1
3．网络相关知识	3-1 网络协议基础知识	网络体系结构与协议	1
	3-2 组网设备基础知识	（1）组网设备概述	1
		（2）路由器基础知识	1
		（3）交换机基础知识	1
	3-3 网络配置、故障排查常用命令和工具基础知识	网络配置、故障排查常用命令和工具	2
4．网络安全基础知识	4-1 网络安全概述	网络安全概述	2
	4-2 网络安全基础技术	网络安全基础技术	3
5．相关法律法规、标准知识	5-1 法律、法规知识	法律、法规知识	3
	5-2 标准知识	标准知识	3
课堂学时合计			24

注：本表所列为四级／中级工职业基本素质培训课程，其他等级职业基本素质培训课程按"网络与信息安全管理员职业培训课程学时分配一览表"中相应的课堂学时要求进行必要的调整。

（2）四级／中级工职业技能培训课程（网络安全管理员、信息安全管理员）

模块	课程	学习单元	课堂学时
1．网络与信息安全防护	1-1 网络安全配置与防护	（1）网络设备接口信息的配置	2
		（2）路由协议的配置	2
		（3）无线网络设备的配置	2
		（4）网络设备基础安全配置	2
	1-2 系统安全配置与防护	（1）Windows 操作系统密码策略与账户策略的配置	2
		（2）Linux 操作系统密码策略与账户策略的配置	2
		（3）Windows 操作系统自带防火墙的配置	1
		（4）Linux 操作系统自带防火墙的配置	1
		（5）防病毒软件的安装部署	2

续表

模块	课程	学习单元	课堂学时
1. 网络与信息安全防护	1-2 系统安全配置与防护	（6）Windows 操作系统安全审核功能的配置	1
		（7）Linux 操作系统安全审核功能的配置	1
	1-3 应用安全配置与防护	（1）常见应用服务的配置	2
		（2）应用服务基本防护的配置	2
2. 网络与信息安全管理	2-1 网络安全管理	（1）交换机 VLAN（虚拟局域网）的配置	2
		（2）网络设备的远程管理	2
		（3）网络设备的用户安全级别管理	2
	2-2 系统安全管理	（1）Windows 操作系统用户和组的基本配置管理	2
		（2）Linux 操作系统用户和组的基本配置管理	2
		（3）Windows 操作系统文件和文件夹的访问权限管理	1
		（4）Linux 操作系统文件和文件夹的访问权限管理	1
		（5）操作系统补丁更新	2
		（6）防病毒软件安全保护策略配置和定期升级服务	2
	2-3 应用安全管理	（1）企业域名备案	2
		（2）企业应用服务域名解析的管理	2
		（3）应用数据备份	2
3. 网络与信息安全处置	3-1 网络安全事件处置	（1）使用网络诊断工具识别及处理常见网络故障	2
		（2）常见网络层攻击的识别	2
	3-2 系统及应用安全事件处置	（1）常见系统安全事件的识别	2
		（2）恶意代码的检测与清除	4
		（3）应用数据的恢复	2
课堂学时合计			56

(3) 三级/高级工职业技能培训课程（网络安全管理员、信息安全管理员）

模块	课程	学习单元	课堂学时
1. 网络与信息安全防护	1-1 网络安全防护	（1）企业级交换机、路由器的安全加固	2
		（2）边界防护设备的部署配置	2
		（3）入侵检测、防御系统的部署配置	2
		（4）无线网络安全的部署配置	1
		（5）网络安全审计设备的部署配置	1
	1-2 系统安全防护	（1）系统安全策略的配置	2
		（2）系统自带防火墙访问控制规则的配置	2
		（3）常见恶意代码的防范	2
	1-3 应用安全防护	（1）数据加密传输的配置	2
		（2）Web 应用防火墙的部署	2
		（3）应用安全审计的部署	2
2. 网络与信息安全管理	2-1 网络安全管理	（1）防火墙网络访问控制管理	2
		（2）各类终端设备的无线网络接入管理	2
		（3）各类边界设备、网络节点的远程访问管理	1
		（4）网络设备安全日志的留存	1
	2-2 系统安全管理	（1）安全远程访问管理	2
		（2）系统漏洞和风险管理	2
		（3）应用系统备份管理	2
		（4）系统日志管理	1
		（5）应用系统备案	1
	2-3 应用安全管理	（1）互联网应用的安全管理	2
		（2）垃圾邮件等有害数据的过滤	2
		（3）互联网访问日志的管理及审计	2
3. 网络与信息安全处置	3-1 网络安全事件监控和处置	（1）网络数据流量监控	2
		（2）攻击流量阻断	1
		（3）网络安全事件日志留存及上报	1
	3-2 系统安全事件监控和处置	（1）被病毒入侵或感染的计算机的识别、隔离	2
		（2）系统异常状态识别及系统后门清除	2
		（3）系统异常状态检测及恢复	1
		（4）病毒样本留存及上报	1

续表

模块	课程	学习单元	课堂学时
3．网络与信息安全处置	3-3 应用安全事件监控和处置	（1）数据库、Web 服务等应用访问日志的提取	2
		（2）日志分析与事件识别、定位	2
		（3）违法有害信息的识别及处置	1
		（4）应用安全事件相关记录、证据的留存及上报	1
课堂学时合计			56

（4）二级／技师职业技能培训课程（网络安全管理员）

模块	课程	学习单元	课堂学时
1．网络与信息安全防护	1-1 网络安全防护	（1）网络漏洞的扫描、分析及安全加固	1
		（2）安全域及安全策略的配置	1
		（3）重要设备硬件冗余的配置	1
		（4）VPN（虚拟专用网络）的配置	1
	1-2 系统安全防护	（1）系统安全扫描及风险分析	2
		（2）启用数据加密策略对应用数据进行保护	1
	1-3 应用安全防护	（1）互联网应用漏洞的扫描及风险分析	1
		（2）漏洞测试及验证	1
		（3）Web 应用防火墙的配置	1
		（4）反垃圾邮件网关实施方案的规划	1
2．网络与信息安全管理	2-1 网络安全等级保护	（1）网络安全等级保护基础	2
		（2）网络安全基线配置的检查及加固整改	2
	2-2 应用安全评估	（1）互联网服务自评估	1
		（2）信息网络安全技术方案的编制	1
		（3）渗透测试工作的配合	2
		（4）根据渗透测试报告进行安全加固	2
3．网络与信息安全处置	3-1 网络安全事件监测	（1）网络链路运行状况的监测	2
		（2）网络设备运行状况的监测	1
		（3）安全设备运行状况的监测	1
		（4）系统运行状况的监测	1

续表

模块	课程	学习单元	课堂学时
3．网络与信息安全处置	3-2 网络安全事件分析	（1）设备监测数据的清洗及汇总	2
		（2）设备监测数据的分析	2
	3-3 网络安全事件响应	（1）常见网络安全事件的响应	2
		（2）常见网络攻击的溯源及上报	1
		（3）网络安全事件相关记录、证据的留存	1
4．培训指导	4-1 培训实施	（1）培训工作计划的制订	1
		（2）培训方案的编制及实施	1
		（3）培训教材、讲义、课件的编写	1
		（4）培训宣讲	1
	4-2 技术指导	（1）技能指导	1
		（2）考核指导	1
课堂学时合计			40

（5）二级／技师职业技能培训课程（信息安全管理员）

模块	课程	学习单元	课堂学时
1．网络与信息安全防护	1-1 信息资产安全防护	（1）信息资产分类分级	2
		（2）安全域资源防护策略的制定	2
	1-2 数据安全防护	（1）数据安全存储策略、数据加密策略的配置	2
		（2）数据容灾策略的制定	2
	1-3 互联网信息安全防护	（1）重要信息脆弱性的评估及防护	2
		（2）员工个人信息安全策略的配置	2
2．网络与信息安全管理	2-1 数据安全管理	（1）数据在存储、通信中的公私钥和证书管理	2
		（2）数据高可用管理	2
		（3）重要数据保护	1
	2-2 互联网信息安全管理	（1）信息安全管理义务的履行	2
		（2）个人敏感信息安全保护技术方案的编制	2
		（3）个人敏感信息脆弱性的评估及防护	1
3．网络与信息安全处置	3-1 信息安全事件监测	（1）信息破坏事件的监测	2
		（2）信息内容安全事件的监测	2
		（3）其他信息安全事件的监测	1

续表

模块	课程	学习单元	课堂学时
3．网络与信息安全处置	3-2 信息安全事件分析	（1）信息安全监测数据的清洗及汇总	2
		（2）信息安全监测数据的分析	1
	3-3 信息安全事件响应	（1）常见信息安全事件的响应	2
		（2）常见信息安全事件的溯源及上报	1
		（3）信息安全事件相关记录、证据的留存	1
4．培训指导	4-1 培训实施	（1）培训工作计划的制订	1
		（2）培训方案的编制及实施	1
		（3）培训教材、讲义、课件的编写	1
		（4）培训宣讲	1
	4-2 技术指导	（1）技能指导	1
		（2）考核指导	1
课堂学时合计			40

（6）一级/高级技师职业技能培训课程（网络安全管理员）

模块	课程	学习单元	课堂学时
1．网络与信息安全防护	1-1 网络安全风险评估	（1）组织整体业务系统安全风险的评估	2
		（2）网络和应用系统渗透测试及漏洞验证和修补	2
	1-2 新技术、新应用安全防护	（1）云计算应用安全防护策略	2
		（2）物联网应用安全防护策略	1
		（3）移动互联网应用安全防护策略	1
		（4）工业控制系统安全防护策略	1
		（5）大数据应用安全防护策略	1
		（6）区块链等其他新技术、新应用安全防护策略	1
2．网络与信息安全管理	2-1 网络安全风险管理	（1）网络安全风险管理制度的制定	1
		（2）漏洞评估及安全管理措施制定	2
	2-2 网络安全等级保护	（1）网络安全等级保护定级	2
		（2）网络安全等级保护备案	1
		（3）网络安全等级保护建设的整改	2
		（4）网络安全自我监督检查	1

续表

模块	课程	学习单元	课堂学时
2．网络与信息安全管理	2-3 关键信息基础设施保护	（1）关键信息基础设施安全检查	1
		（2）关键信息基础设施安全加固方案的编制	2
		（3）网络安全事件应急方案的编制	1
3．网络与信息安全处置	3-1 网络安全事件预警	（1）网络安全事件预警机制的建立	2
		（2）网络安全事件风险定级、响应级别设计和应急预案制定	1
	3-2 网络安全事件证据保存	（1）静态数据的提取及固定	2
		（2）动态易失数据的提取及固定	1
	3-3 网络安全事件应急响应	（1）复杂网络安全事件的应急响应	2
		（2）由网络安全事件造成的网络或系统损坏的恢复	1
4．培训指导	4-1 培训实施	（1）培训需求的分析	1
		（2）培训规划的编制	1
		（3）培训教材、讲义、教案的组织编写	1
		（4）培训宣讲	1
	4-2 技术指导	（1）技能指导	1
		（2）考核指导	1
		（3）技术改造、技术革新活动的组织开展	1
课堂学时合计			40

（7）一级/高级技师职业技能培训课程（信息安全管理员）

模块	课程	学习单元	课堂学时
1．网络与信息安全防护	1-1 信息安全风险评估	（1）组织关键业务系统安全风险的评估	2
		（2）信息安全风险评估报告的出具	2
		（3）信息安全风险整改措施的制定	2
	1-2 新技术、新应用安全防护	（1）云计算应用安全防护策略	1
		（2）物联网应用安全防护策略	1
		（3）移动互联网应用安全防护策略	1
		（4）工业控制系统安全防护策略	1
		（5）大数据应用安全防护策略	1
		（6）区块链等其他新技术、新应用安全防护策略	1

续表

模块	课程	学习单元	课堂学时
2. 网络与信息安全管理	2-1 信息安全风险管理	(1) 信息安全风险管理制度的制定	2
		(2) 漏洞评估及风险评估方案编制	2
		(3) 业务系统安全风险处置方案的编制	1
	2-2 网络安全等级保护	(1) 网络安全等级保护定级	2
		(2) 网络安全等级保护备案	1
		(3) 网络安全管理制度的制定	1
	2-3 关键信息基础设施保护	(1) 关键信息基础设施相关数据的安全保护	2
		(2) 关键信息基础设施安全检查支持	1
3. 网络与信息安全处置	3-1 信息安全事件预警	(1) 信息安全事件预警机制的建立	2
		(2) 信息安全事件风险定级、响应级别设计和应急预案制定	1
	3-2 信息安全事件证据保存	(1) 静态数据的提取及固定	2
		(2) 动态易失数据的提取及固定	1
	3-3 信息安全事件应急响应	(1) 复杂信息安全事件的响应及处理	2
		(2) 由信息安全事件造成的信息损坏的恢复	1
4. 培训指导	4-1 培训实施	(1) 培训需求的分析	1
		(2) 培训规划的编制	1
		(3) 培训教材、讲义、教案的组织编写	1
		(4) 培训宣讲	1
	4-2 技术指导	(1) 技能指导	1
		(2) 考核指导	1
		(3) 技术改造、技术革新活动的组织开展	1
课堂学时合计			40

1.1.3 培训课程选择指导

职业基本素质培训课程为必修课程，相当于本职业的入门课程。各级别职业技能培训课程由培训机构教师根据培训学员实际情况，遵循高级别涵盖低级别的原则进行选择。

原则上，初入职的培训学员应学习职业基本素质培训课程和四级/中级工职业技能培训课程的全部内容，有职业技能等级晋升需求的培训学员，可按照国家职业技能标准的"鉴定要求"，对照自身需求选择更高等级的培训课程。

具有一定从业经验、无职业技能等级晋升需求的培训学员，可根据自身实际情况自主选择本职业培训课程。具体方法为：（1）选择课程模块；（2）在模块中筛选课程；（3）在课程中筛选学习单元；（4）组合成本次培训的整个课程。

培训教师可以根据以上方法对培训学员进行单独指导。对于订单培训，培训教师可以按照如上方法，对照订单需求进行培训课程的选择。

1.2 职业指南

1.2.1 职业描述

网络与信息安全管理员是指从事网络及信息安全管理、防护、监控工作的人员。

1.2.2 职业培训对象

网络与信息安全管理员职业培训的对象主要包括：城乡未继续升学的应届高中毕业生、城镇登记失业人员、转岗转业人员、退役军人、企业在职职工和高校毕业生等各类有培训需求的人员。

1.2.3 就业前景

网络与信息安全管理员的工作岗位有网络安全管理、信息安全管理、互联网信息审核、网络安全咨询、系统安全管理等。网络与信息安全管理员可以在计算机科学与技术、信息通信、电子商务、互联网金融、电子政务等领域从事相关工作，也可以在网络与信息安全设备厂商、互联网安全公司、安全服务公司等单位工作，还可以在政府机关、事业单位或银行、保险、证券等金融机构，以及电信、传媒等行业从事网络与信息安全产品研发、系统安全分析与设计、安全技术咨询服务、安全教育，安全管理等工作。

1.3　培训机构设置指南

1.3.1　师资配备要求

（1）培训教师任职基本条件

1）培训四级/中级工、三级/高级工网络与信息安全管理员的教师应具有本职业二级/技师及以上职业资格证书（技能等级证书）或相关专业中级及以上专业技术职务任职资格。

2）培训网络与信息安全管理员二级/技师的教师应具有本职业一级/高级技师职业资格证书（技能等级证书）或相关专业高级专业技术职务任职资格。

3）培训网络与信息安全管理员一级/高级技师的教师应具有本职业一级/高级技师职业资格证书（技能等级证书）2年以上或相关专业高级专业技术职务任职资格。

（2）培训教师数量要求（以30人培训班为基准）

专业课教师：2人以上（含2人）；培训规模超过30人的，按教师与学员之比不低于1∶20配备教师。

1.3.2　培训场所设备配置要求

培训场所设备配置要求如下（以30人培训班为基准）。

（1）理论知识培训场所设备配置要求：60 m² 以上标准教室，多媒体教学设备（计算机、投影仪、幕布或显示屏、网络接入设备、音响设备），黑板，30套以上桌椅，符合照明、通风、安全等相关规定。

（2）操作技能培训场所设备、设施配置要求：30台以上个人计算机局域网集成上机环境，设备、设施配套齐全，符合环保、劳保、安全、卫生、消防、通风、照明等相关规定及安全规程。

其中，网络与信息安全管理员（四级/中级工、三级/高级工、二级/技师、一级/高级技师）培训场所应具备教师演示和学员练习两个功能。

（3）实训设备、软件等配置要求

1）实训设备配置要求（名称、规格或型号、数量）。个人计算机：4核、主频2.0 GHz及以上CPU（中央处理器），16 G及以上内存，500 G及以上存储硬盘，百兆及以上网卡，数量不少于30台。或者采用实训云平台，单个虚拟机满足以下要求：2核及以上CPU，8 G及以上内存，40 G及以上存储硬盘。

2）软件配置要求。需要安装满足实训要求的相关软件，版本包括但不限于Windows Server 2016、Windows10、CentOS 7、Cisco Packet Tracer 7.0、VMWare15。

3）其他配置要求。若培训机构使用实训云平台，则该实训云平台也需要满足相应的软件功能和实训要求。

1.3.3 教学资料配备要求

（1）培训规范：《网络与信息安全管理员职业基本素质培训要求》《网络与信息安全管理员职业技能培训要求》《网络与信息安全管理员职业基本素质培训课程规范》《网络与信息安全管理员职业技能培训课程规范》《网络与信息安全管理员职业基本素质培训考核规范》《网络与信息安全管理员职业技能培训理论知识考核规范》《网络与信息安全管理员职业技能培训操作技能考核规范》。

（2）教学资源：教材教辅、网络资源等内容必须符合"（1）培训规范"。

1.3.4 管理人员配备要求

（1）专职校长：1人，应具有大专及以上文化程度、中级及以上专业技术职务任职资格，从事职业技术教育及教学管理工作5年以上，熟悉职业培训的有关法律法规。

（2）教学管理人员：1人以上，专职不少于1人，应具有大专及以上文化程度、中级及以上专业技术职务任职资格，从事职业技术教育及教学管理工作5年以上，具有丰富的教学管理经验。

（3）办公室人员：1人以上，应具有大专及以上文化程度。

（4）财务管理人员：2人，应具有大专及以上文化程度。

1.3.5 管理制度要求

应建立健全完备的管理制度，包括办学章程与发展规划，以及教学管理、教师管理、学员管理、财务管理、设备管理等制度。

2 课程包

2.1 培 训 要 求

2.1.1 职业基本素质培训要求

职业基本素质模块	培训内容	培训细目
1．职业认知与职业道德	1-1 职业认知	行业简介与岗位工作内容
	1-2 职业道德基本知识	道德与职业道德
	1-3 职业守则	网络与信息安全管理员的职业守则
2．计算机相关知识	2-1 计算机硬件基础知识	（1）计算机的发展与分类 （2）计算机的组成
	2-2 计算机软件基础知识	（1）计算机语言 （2）编程算法 （3）数据结构
	2-3 操作系统基础知识	操作系统
	2-4 数据库基础知识	数据库
3．网络相关知识	3-1 网络协议基础知识	（1）网络体系结构 （2）网络协议
	3-2 组网设备基础知识	（1）组网设备 （2）路由器 （3）交换机
	3-3 网络配置、故障排查常用命令和工具基础知识	（1）网络配置、故障排查常用命令 （2）网络配置、故障排查常用工具
4．网络安全基础知识	4-1 网络安全概述	网络安全概念与风险
	4-2 网络安全基础技术	（1）密码技术 （2）身份鉴别技术 （3）访问控制技术 （4）安全审计技术
5．相关法律法规、标准知识	5-1 法律、法规知识	（1）《中华人民共和国劳动法》 （2）《中华人民共和国民法典》 （3）《中华人民共和国网络安全法》 （4）《中华人民共和国数据安全法》 （5）《中华人民共和国个人信息保护法》
	5-2 标准知识	网络安全标准体系和主要的相关标准

2.1.2 四级／中级工职业技能培训要求（网络安全管理员、信息安全管理员）

职业功能模块	培训内容	技能目标	培训细目
1．网络与信息安全防护	1-1 网络安全配置与防护	1-1-1 能根据业务场景，规划网络地址，构建网络拓扑，配置交换机、路由器等网络设备的接口信息	配置网络设备接口信息
		1-1-2 能根据网络拓扑，配置路由协议，完成互联互通	配置路由协议
		1-1-3 能根据网络拓扑，配置无线网络设备	配置无线网络设备
		1-1-4 能对网络设备进行基础安全配置	对网络设备进行基础安全配置
	1-2 系统安全配置与防护	1-2-1 能配置操作系统密码策略与账户策略	（1）配置 Windows 操作系统密码策略与账户策略 （2）配置 Linux 操作系统密码策略与账户策略
		1-2-2 能安全配置操作系统自带的防火墙功能	（1）配置 Windows 操作系统自带的防火墙 （2）配置 Linux 操作系统自带的防火墙
		1-2-3 能安装部署防病毒软件	安装部署防病毒软件
		1-2-4 能启用系统审核功能	（1）配置 Windows 操作系统安全审核功能 （2）配置 Linux 操作系统安全审核功能
	1-3 应用安全配置与防护	1-3-1 能根据业务需求，配置常见应用服务	配置常见应用服务
		1-3-2 能为常见应用场景启用基本防护	配置应用服务的基本防护
2．网络与信息安全管理	2-1 网络安全管理	2-1-1 能根据网络需求，划分交换机 VLAN	配置交换机的 VLAN
		2-1-2 能配置交换机、路由器等网络设备的远程管理方式	配置网络设备的远程管理方式

续表

职业功能模块	培训内容	技能目标	培训细目
2．网络与信息安全管理	2-1 网络安全管理	2-1-3 能管理交换机、路由器的用户安全级别	管理网络设备的用户安全级别
	2-2 系统安全管理	2-2-1 能根据组织业务需求，管理用户和组	（1）管理 Windows 操作系统用户和组的基本配置 （2）管理 Linux 操作系统用户和组的基本配置
		2-2-2 能管理文件和文件夹的访问权限	（1）管理 Windows 操作系统文件和文件夹的访问权限 （2）管理 Linux 操作系统文件和文件夹的访问权限
		2-2-3 能对操作系统进行定期升级，更新系统补丁	更新操作系统补丁
		2-2-4 能对防病毒软件进行定期升级	配置防病毒软件安全保护策略及定期升级
	2-3 应用安全管理	2-3-1 能对组织应用的域名进行正确备案	进行企业域名备案
		2-3-2 能管理常见应用服务的域名解析	管理企业应用服务的域名解析
		2-3-3 能对应用数据进行安全备份	进行应用数据备份
3．网络与信息安全处置	3-1 网络安全事件处置	3-1-1 能使用网络诊断工具识别并处理常见网络故障	识别及处理常见网络故障
		3-1-2 能识别常见网络层攻击	识别常见网络层攻击
	3-2 系统及应用安全事件处置	3-2-1 能识别常见系统安全事件	识别常见系统安全事件
		3-2-2 能使用防病毒工具清除恶意代码	检测与清除恶意代码
		3-2-3 能使用相关工具实现对恶意代码的检测和报警	
		3-2-4 能利用备份工具恢复应用数据	恢复应用数据

2.1.3　三级／高级工职业技能培训要求（网络安全管理员、信息安全管理员）

职业功能模块	培训内容	技能目标	培训细目
1．网络与信息安全防护	1-1　网络安全防护	1-1-1　能对企业级交换机、路由器等网络设备进行安全加固	安全加固企业级交换机、路由器
		1-1-2　能根据网络安全需求，部署配置防火墙、安全隔离网闸等边界防护设备	部署配置边界防护设备
		1-1-3　能根据网络安全需求，部署配置入侵检测、防御系统	部署配置入侵检测、防御系统
		1-1-4　能配置无线网络安全管理中心	部署配置无线网络安全管理中心
		1-1-5　能根据网络安全需求，部署配置网络安全审计设备	部署配置网络安全审计设备
	1-2　系统安全防护	1-2-1　能根据系统安全需求，合理配置系统安全策略	配置系统安全策略
		1-2-2　能利用系统自带的防火墙制定规则，对网络访问进行控制	配置系统自带防火墙的访问控制规则
		1-2-3　能利用补丁、安全策略等对常见恶意代码进行有效防范	防范常见恶意代码
	1-3　应用安全防护	1-3-1　能根据网络安全需求，实现常见应用的数据加密传输	进行数据加密传输
		1-3-2　能部署Web应用防火墙，对Web应用进行安全防护	部署Web应用防火墙
		1-3-3　能根据网络安全需求，部署应用安全审计	部署应用安全审计
2．网络与信息安全管理	2-1　网络安全管理	2-1-1　能根据网络安全需求，通过防火墙等安全设备进行网络访问控制管理	通过防火墙进行网络访问控制管理

续表

职业功能模块	培训内容	技能目标	培训细目
2．网络与信息安全管理	2-1 网络安全管理	2-1-2 能根据网络安全需求，对各类终端接入无线网络进行管理	管理各类终端设备的无线网络接入
		2-1-3 能安全管理各类边界设备、网络节点的远程访问	管理各类边界设备、网络节点的远程访问
		2-1-4 能根据国家相关规定，正确留存网络设备安全日志	留存网络设备安全日志
	2-2 系统安全管理	2-2-1 能根据应用系统安全需求，实现安全远程访问管理	管理安全远程访问
		2-2-2 能发现系统漏洞和风险，并进行安全管理	管理系统漏洞和风险
		2-2-3 能根据应用系统要求管理备份	管理应用系统备份
		2-2-4 能根据国家相关规定，管理系统日志	管理系统日志
		2-2-5 能根据国家相关规定，对应用系统进行正确备案	进行应用系统备案
	2-3 应用安全管理	2-3-1 能根据国家相关规定，履行网络安全义务，安全管理互联网应用	安全管理互联网应用
		2-3-2 能利用安全设备及工具，对垃圾邮件等有害数据实施过滤	过滤垃圾邮件等有害数据
		2-3-3 能根据国家相关规定，管理及审计互联网访问日志	管理及审计互联网访问日志
3．网络与信息安全处置	3-1 网络安全事件监控和处置	3-1-1 能利用防火墙、入侵检测系统等监控网络数据流量，识别攻击特征	监控网络数据流量
		3-1-2 能对攻击流量进行有效阻断	阻断攻击流量
		3-1-3 能有效留存日志记录，并进行上报	留存及上报网络安全事件日志
	3-2 系统安全事件监控和处置	3-2-1 能有效识别、隔离被病毒入侵或感染的计算机	识别、隔离被病毒入侵或感染的计算机
		3-2-2 能识别系统异常状态，利用工具清除系统后门	识别系统异常状态及清除系统后门

续表

职业功能模块	培训内容	技能目标	培训细目
3. 网络与信息安全处置	3-2 系统安全事件监控和处置	3-2-3 能检测系统异常状态，恢复系统正常状态	检测系统异常状态及恢复正常状态
		3-2-4 能有效留存计算机病毒、系统后门等样本，并进行上报	留存及上报病毒样本
	3-3 应用安全事件监控和处置	3-3-1 能提取数据库、Web服务等应用的访问日志	提取数据库、Web服务等应用的访问日志
		3-3-2 能对日志进行简单分析，识别并定位事件	分析日志与识别、定位事件
		3-3-3 能识别违法有害信息，并进行处置	识别及处置违法有害信息
		3-3-4 能有效留存记录及证据，并进行上报	留存及上报应用安全事件相关记录、证据

2.1.4 二级／技师职业技能培训要求（网络安全管理员）

职业功能模块	培训内容	技能目标	培训细目
1. 网络与信息安全防护	1-1 网络安全防护	1-1-1 能对网络进行漏洞扫描，分析扫描结果，并进行安全加固	扫描、分析网络漏洞及进行安全加固
		1-1-2 能分析网络安全需求，进行安全域配置，启用相应的安全策略，对各个安全域资源进行有效防护	配置安全域及安全策略
		1-1-3 能配置重要设备硬件冗余，保证可用性	配置重要设备硬件冗余
		1-1-4 能分析网络安全需求，配置VPN	配置VPN
	1-2 系统安全防护	1-2-1 能使用工具对系统进行安全扫描，并根据扫描报告进行风险分析	对系统进行安全扫描及风险分析
		1-2-2 能根据系统风险分析结果，调整系统安全措施	
		1-2-3 能启用数据加密策略对应用数据进行有效保护	启用数据加密策略对应用数据进行保护

续表

职业功能模块	培训内容	技能目标	培训细目
1. 网络与信息安全防护	1-3 应用安全防护	1-3-1 能使用工具对互联网应用进行漏洞扫描，并根据扫描报告进行风险分析	对互联网应用漏洞进行扫描及风险分析
		1-3-2 能对扫描报告中出现的漏洞进行测试及验证	测试及验证漏洞
		1-3-3 能配置 Web 应用防火墙，拦截 Web 应用攻击	配置 Web 应用防火墙
		1-3-4 能规划反垃圾邮件网关实施方案	规划反垃圾邮件网关实施方案
2. 网络与信息安全管理	2-1 网络安全等级保护	2-1-1 能根据相关网络安全等级保护要求，核查网络安全基线配置情况	核查网络安全基线配置情况
		2-1-2 能根据安全基线检查情况，进行安全加固或给出整改建议	加固整改网络安全基线配置
	2-2 应用安全评估	2-2-1 能根据国家相关规定，对互联网服务自行开展安全评估	自评估互联网服务
		2-2-2 能根据国家相关规定，编制信息网络安全技术方案	编制信息网络安全技术方案
		2-2-3 能配合完成渗透测试工作	配合渗透测试工作
		2-2-4 能根据渗透测试报告进行安全加固，或给出安全加固建议	（1）根据渗透测试报告进行安全加固 （2）根据渗透测试报告给出安全加固建议
3. 网络与信息安全处置	3-1 网络安全事件监测	3-1-1 能使用相关工具对网络链路的运行状况进行监测	监测网络链路运行状况
		3-1-2 能使用相关工具对网络设备的运行状况进行监测	监测网络设备运行状况
		3-1-3 能使用相关工具对安全设备的运行状况进行监测	监测安全设备运行状况
		3-1-4 能使用相关工具对系统的运行状况进行监测	监测系统运行状况

续表

职业功能模块	培训内容	技能目标	培训细目
3. 网络与信息安全处置	3-2 网络安全事件分析	3-2-1 能对各种设备上的监测数据进行清洗及汇总	清洗及汇总设备监测数据
		3-2-2 能对各种设备上的监测数据进行分析，发现异常痕迹	分析设备监测数据
	3-3 网络安全事件响应	3-3-1 能对常见的网络安全事件进行响应	响应常见网络安全事件
		3-3-2 能对常见的网络攻击进行溯源及上报	溯源及上报常见网络攻击
		3-3-3 能留存网络安全事件相关记录、证据	留存网络安全事件相关记录、证据
4. 培训指导	4-1 培训实施	4-1-1 能制订培训工作计划	制订培训工作计划
		4-1-2 能编制和实施培训方案	编制及实施培训方案
		4-1-3 能编写培训教材、讲义、课件	编写培训教材、讲义、课件
		4-1-4 能进行培训宣讲	培训宣讲
	4-2 技术指导	4-2-1 能对三级／高级工及以下级别人员进行技能指导	进行技能指导
		4-2-2 能对三级／高级工及以下级别人员的技能水平进行考核	进行技能水平考核

2.1.5 二级／技师职业技能培训要求（信息安全管理员）

职业功能模块	培训内容	技能目标	培训细目
1. 网络与信息安全防护	1-1 信息资产安全防护	1-1-1 能对组织信息资产进行分类分级，并划分安全域	对信息资产进行分类分级
		1-1-2 能对安全域资源制定有效的防护策略	制定安全域资源防护策略
	1-2 数据安全防护	1-2-1 能进行数据分级分类，制定数据的安全存储策略，规划、配置数据加密策略	制定数据安全存储策略及配置数据加密策略
		1-2-2 能根据业务需求，制定数据容灾策略	制定数据容灾策略

续表

职业功能模块	培训内容	技能目标	培训细目
1. 网络与信息安全防护	1-3 互联网信息安全防护	1-3-1 能对个人用户名、密码等重要信息的使用进行脆弱性评估，并给出防护建议	评估及防护重要信息的脆弱性
		1-3-2 能配置安全策略，审计员工对个人信息的操作	配置员工个人信息安全策略
2. 网络与信息安全管理	2-1 数据安全管理	2-1-1 能安全管理数据在存储、通信中的公私钥和证书	管理数据在存储、通信中的公私钥和证书
		2-1-2 能对数据进行高可用管理	对数据进行高可用管理
		2-1-3 能参照国家相关标准，采用数据分类、备份、加密等措施加强对重要数据的保护	保护重要数据
	2-2 互联网信息安全管理	2-2-1 能根据国家相关法律法规及管理规定，履行信息安全管理义务	履行信息安全管理义务
		2-2-2 能编制个人敏感信息的安全保护技术方案	编制个人敏感信息安全保护技术方案
		2-2-3 能对个人敏感信息进行脆弱性评估，并给出防护建议	评估及防护个人敏感信息的脆弱性
3. 网络与信息安全处置	3-1 信息安全事件监测	3-1-1 能监测信息破坏事件	监测信息破坏事件
		3-1-2 能监测信息内容安全事件	监测信息内容安全事件
		3-1-3 能监测其他信息安全事件	监测其他信息安全事件
	3-2 信息安全事件分析	3-2-1 能对信息安全监测数据进行清洗及汇总	清洗及汇总信息安全监测数据
		3-2-2 能对信息安全监测数据进行分析	分析信息安全监测数据
	3-3 信息安全事件响应	3-3-1 能对常见的信息安全事件进行响应	响应常见信息安全事件
		3-3-2 能对常见的信息安全事件进行溯源及上报	溯源及上报常见信息安全事件
		3-3-3 能留存信息安全事件相关记录、证据	留存信息安全事件相关记录、证据

续表

职业功能模块	培训内容	技能目标	培训细目
4．培训指导	4-1 培训实施	4-1-1 能制订培训工作计划	制订培训工作计划
		4-1-2 能编制及实施培训方案	编制及实施培训方案
		4-1-3 能编写培训教材、讲义、课件	编写培训教材、讲义、课件
		4-1-4 能进行培训宣讲	培训宣讲
	4-2 技术指导	4-2-1 能对三级/高级工及以下级别人员进行技能指导	进行技能指导
		4-2-2 能对三级/高级工及以下级别人员的技能水平进行考核	进行技能水平考核

2.1.6 一级/高级技师职业技能培训要求（网络安全管理员）

职业功能模块	培训内容	技能目标	培训细目
1．网络与信息安全防护	1-1 网络安全风险评估	1-1-1 能对组织整体业务系统进行安全风险评估	对组织整体业务系统进行安全风险评估
		1-1-2 能对网络和应用系统进行渗透测试，并对测试报告中的漏洞进行验证和修补	（1）对网络和应用系统进行渗透测试 （2）验证和修补漏洞
	1-2 新技术、新应用安全防护	1-2-1 能对云计算应用提出安全防护策略	提出云计算应用安全防护策略
		1-2-2 能对物联网应用提出安全防护策略	提出物联网应用安全防护策略
		1-2-3 能对移动互联网应用提出安全防护策略	提出移动互联网应用安全防护策略
		1-2-4 能对工业控制系统提出安全防护策略	提出工业控制系统安全防护策略
		1-2-5 能对大数据应用提出安全防护策略	提出大数据应用安全防护策略
		1-2-6 能对区块链等其他新技术、新应用提出安全防护策略	提出区块链等其他新技术、新应用安全防护策略

续表

职业功能模块	培训内容	技能目标	培训细目
2．网络与信息安全管理	2-1 网络安全风险管理	2-1-1 能根据安全风险评估结果，实施网络安全风险管理	实施网络安全风险管理
		2-1-2 能对漏洞进行评估，制定安全管理措施	评估漏洞及制定安全管理措施
	2-2 网络安全等级保护	2-2-1 能根据组织业务情况，对网络和信息系统进行合理定级	对网络安全等级保护进行定级
		2-2-2 能根据网络安全等级保护定级要求，进行备案指导	对网络安全等级保护进行备案
		2-2-3 能根据组织业务情况，进行网络安全建设整改	对网络安全等级保护建设进行整改
		2-2-4 能根据组织业务情况，进行网络安全自我监督检查	对网络安全进行自我监督检查
	2-3 关键信息基础设施保护	2-3-1 能按照检查内容对关键信息基础设施进行安全检查	对关键信息基础设施进行安全检查
		2-3-2 能编制关键信息基础设施安全加固方案	编制关键信息基础设施安全加固方案
		2-3-3 能针对系统和数据库设计容灾备份方案	编制网络安全事件应急方案
3．网络与信息安全处置	3-1 网络安全事件预警	3-1-1 能监测各类网络数据，建立网络安全事件预警机制	建立网络安全事件预警机制
		3-1-2 能针对网络安全事件进行风险定级，设计响应级别和应急预案	对网络安全事件进行风险定级及设计响应级别和应急预案
	3-2 网络安全事件证据保存	3-2-1 能对静态数据进行提取及固定	提取及固定静态数据
		3-2-2 能对动态易失数据进行提取及固定	提取及固定动态易失数据
	3-3 网络安全事件应急响应	3-3-1 能及时响应并处理复杂网络安全事件	对复杂网络安全事件进行应急响应
		3-3-2 能恢复由网络安全事件造成的网络或系统损坏	恢复由网络安全事件造成的网络或系统损坏

续表

职业功能模块	培训内容	技能目标	培训细目
4. 培训指导	4-1 培训实施	4-1-1 能对培训需求进行分析	分析培训需求
		4-1-2 能编制培训规划	编制培训规划
		4-1-3 能组织编写培训教材、讲义、教案	组织编写培训教材、讲义、教案
		4-1-4 能进行培训宣讲	培训宣讲
	4-2 技术指导	4-2-1 能对二级/技师及以下级别人员进行技能指导	进行技能指导
		4-2-2 能对二级/技师及以下级别人员的技能水平进行考核	进行考核指导
		4-2-3 能组织开展技术改造与技术革新活动	组织开展技术改造与技术革新活动

2.1.7 一级/高级技师职业技能培训要求（信息安全管理员）

职业功能模块	培训内容	技能目标	培训细目
1. 网络与信息安全防护	1-1 信息安全风险评估	1-1-1 能对组织关键业务系统进行安全风险评估	评估组织关键业务系统安全风险
		1-1-2 能根据信息安全风险评估结果，出具评估报告	出具信息安全风险评估报告
		1-1-3 能根据信息安全风险评估报告，制定整改措施	制定信息安全风险整改措施
	1-2 新技术、新应用安全防护	1-2-1 能对云计算应用提出安全防护策略	提出云计算应用安全防护策略
		1-2-2 能对物联网应用提出安全防护策略	提出物联网应用安全防护策略
		1-2-3 能对移动互联网应用提出安全防护策略	提出移动互联网应用安全防护策略
		1-2-4 能对工业控制系统提出安全防护策略	提出工业控制系统安全防护策略
		1-2-5 能对大数据应用提出安全防护策略	提出大数据应用安全防护策略
		1-2-6 能对区块链等其他新技术、新应用提出安全防护策略	提出区块链等其他新技术、新应用安全防护策略

续表

职业功能模块	培训内容	技能目标	培训细目
2. 网络与信息安全管理	2-1 信息安全风险管理	2-1-1 能根据国家相关规定，制定信息安全风险管理制度	制定信息安全风险管理制度
		2-1-2 能编制风险评估方案，组织开展风险评估工作	编制风险评估方案
		2-1-3 能针对业务系统存在的信息安全风险编制处置方案，对风险进行监督管理	编制业务系统安全风险处置方案
	2-2 网络安全等级保护	2-2-1 能根据组织业务情况，对网络和信息系统进行合理定级	对网络安全等级保护进行定级
		2-2-2 能根据网络安全等级保护定级要求，进行备案指导	对网络安全等级保护进行备案
		2-2-3 能根据组织架构和安全现状，设计和制定网络安全管理制度	制定网络安全管理制度
	2-3 关键信息基础设施保护	2-3-1 能掌握关键信息基础设施相关数据安全保护要求	对关键信息基础设施相关数据进行安全保护
		2-3-2 能对关键信息基础设施安全检查提供支持	对关键信息基础设施安全检查提供支持
3. 网络与信息安全处置	3-1 信息安全事件预警	3-1-1 能建立信息安全事件预警机制	建立信息安全事件预警机制
		3-1-2 能对信息安全事件进行风险定级，设计响应级别和应急预案	对信息安全事件进行风险定级及设计响应级别和应急预案
	3-2 信息安全事件证据保存	3-2-1 能对静态数据进行提取及固定	提取及固定静态数据
		3-2-2 能对动态易失数据进行提取及固定	提取及固定动态易失数据
	3-3 信息安全事件应急响应	3-3-1 能及时响应并处理复杂信息安全事件	响应并处理复杂信息安全事件
		3-3-2 能恢复由信息安全事件造成的信息损坏	恢复由信息安全事件造成的信息损坏

续表

职业功能模块	培训内容	技能目标	培训细目
4. 培训指导	4-1 培训实施	4-1-1 能对培训需求进行分析	分析培训需求
		4-1-2 能编制培训规划	编制培训规划
		4-1-3 能组织编写培训教材、讲义、教案	组织编写培训教材、讲义、教案
		4-1-4 能进行培训宣讲	进行培训宣讲
	4-2 技术指导	4-2-1 能对二级/技师及以下级别人员进行技能指导	进行技能指导
		4-2-2 能对二级/技师及以下级别人员的技能水平进行考核	进行考核指导
		4-2-3 能组织开展技术改造与技术革新活动	组织开展技术改造与技术革新活动

2.2 课程规范

2.2.1 职业基本素质培训课程规范

模块	课程	学习单元	课程内容	培训建议	课堂学时
1. 职业认知与职业道德	1-1 职业认知	职业认知	1) 网络与信息安全行业认知	（1）方法：讲授法、案例教学法、讨论法 （2）重点与难点：网络与信息安全管理员的工作内容	1
			2) 网络与信息安全管理员的工作内容		
	1-2 职业道德基本知识	道德与职业道德	1) 道德	（1）方法：讲授法、案例教学法、讨论法 （2）重点与难点：网络与信息安全管理员的职业道德	1
			2) 职业道德		
			3) 网络与信息安全管理员的职业道德		

续表

模块	课程	学习单元	课程内容	培训建议	课堂学时
1. 职业认知与职业道德	1-3 职业守则	网络与信息安全管理员的职业守则	1）遵纪守法，爱岗敬业 2）勤奋进取，忠于职守 3）认真负责，团结协作 4）爱护设备，安全操作 5）诚实守信，讲求信誉 6）勇于创新，精益求精	（1）方法：讲授法、案例教学法、讨论法 （2）重点与难点：网络与信息安全管理员的职业守则	1
2. 计算机相关知识	2-1 计算机硬件基础知识	计算机硬件	1）计算机的发展与分类 ①计算机的发展历程 ②计算机的分类 2）计算机的组成 ①中央处理器 ②主板 ③存储器 ④外部设备	（1）方法：讲授法、案例教学法、讨论法 （2）重点与难点：计算机的组成	1
	2-2 计算机软件基础知识	计算机软件	1）计算机软件基础 2）常用计算机语言 3）常用编程算法 4）常见数据结构	（1）方法：讲授法、案例教学法、讨论法 （2）重点与难点：常见数据结构	1
	2-3 操作系统基础知识	操作系统	1）操作系统概念 2）常见操作系统 3）常见文件系统 4）常见文件类型	（1）方法：讲授法、案例教学法、讨论法 （2）重点与难点：常见操作系统	1
	2-4 数据库基础知识	数据库	1）数据库概述 2）数据类型 3）数据模型 4）主流数据库简介 5）分布式数据库 6）数据库语言 SQL（结构化查询语言）	（1）方法：讲授法、案例教学法、讨论法 （2）重点与难点：主流数据库简介	1
3. 网络相关知识	3-1 网络协议基础知识	网络体系结构与协议	1）网络体系结构概述 2）OSI（开放系统互联）参考模型	（1）方法：讲授法、案例教学法、讨论法	1

续表

模块	课程	学习单元	课程内容	培训建议	课堂学时
3. 网络相关知识	3-1 网络协议基础知识	网络体系结构与协议	3）TCP/IP（传输控制协议/互联网协议）的体系结构	（2）重点与难点：开放系统互联参考模型、TCP/IP 的体系结构	
			4）IP 地址 ① IP 地址及其分类 ② IP 地址规划与子网划分		
	3-2 组网设备基础知识	（1）组网设备概述	1）组网设备的分类	（1）方法：讲授法、案例教学法、讨论法 （2）重点与难点：物理层设备	1
			2）物理层设备		
			3）数据链路层设备		
			4）网络层及以上设备		
		（2）路由器基础知识	1）路由器概述 ①路由器的概念 ②路由器的工作原理和应用场景 ③路由器的性能指标 ④路由器的分类 ⑤路由器的功能 ⑥路由器的组成 ⑦路由器的启动过程	（1）方法：讲授法、案例教学法、讨论法 （2）重点与难点：路由器的基础配置	1
			2）路由器的基础配置 ①路由器的配置方式 ②路由器的工作模式		
		（3）交换机基础知识	1）交换机概述 ①交换机的概念 ②交换机的工作原理和应用场景 ③交换机的性能指标 ④交换机的分类 ⑤交换机的功能 ⑥交换机的组成 ⑦交换机的启动过程	（1）方法：讲授法、案例教学法、讨论法 （2）重点与难点：交换机的基础配置	1
			3）交换机的基础配置 ①交换机的配置方式 ②交换机的工作模式		

续表

模块	课程	学习单元	课程内容	培训建议	课堂学时
3．网络相关知识	3-3 网络配置、故障排查常用命令和工具基础知识	网络配置、故障排查常用命令和工具	1）网络配置、故障排查常用命令 ① ipconifg ② ping/pathping ③ traceroute/tracert ④ netstat 2）网络配置、故障排查常用工具 ① Wireshark ② tcpdump ③ Nmap	（1）方法：讲授法、案例教学法、讨论法 （2）重点与难点：网络配置、故障排查常用工具	2
4．网络安全基础知识	4-1 网络安全概述	网络安全概述	1）网络安全基础概念 2）网络安全风险	（1）方法：讲授法、案例教学法、讨论法 （2）重点与难点：网络安全风险	2
	4-2 网络安全基础技术	网络安全基础技术	1）密码技术 2）身份鉴别技术 3）访问控制技术 4）安全审计技术	（1）方法：讲授法、案例教学法 （2）重点与难点：密码技术与身份鉴别技术	3
5．相关法律法规、标准知识	5-1 法律、法规知识	法律、法规知识	1）《中华人民共和国劳动法》相关知识 2）《中华人民共和国民法典》相关知识 3）《中华人民共和国网络安全法》相关知识 4）《中华人民共和国数据安全法》相关知识 5）《中华人民共和国个人信息保护法》相关知识 6）其他网络安全相关法律、法规	（1）方法：讲授法、案例教学法、讨论法 （2）重点与难点：《中华人民共和国网络安全法》《中华人民共和国数据安全法》《中华人民共和国个人信息保护法》	3

续表

模块	课程	学习单元	课程内容	培训建议	课堂学时
5. 相关法律法规、标准知识	5-2 标准知识	标准知识	1）网络安全标准体系	（1）方法：讲授法、案例教学法、讨论法 （2）重点与难点：网络安全标准体系	3
	5-2 标准知识	标准知识	2）主要网络安全标准简介		
课堂学时合计					24

2.2.2 四级／中级工职业技能培训课程规范（网络安全管理员、信息安全管理员）

模块	课程	学习单元	课程内容	培训建议	课堂学时
1. 网络与信息安全防护	1-1 网络安全配置与防护	（1）网络设备接口信息的配置	1）OSI 基础知识 2）TCP/IP 基础知识 3）IP 地址基础知识 4）常见网络设备 5）路由器基础知识 6）交换机基础知识 7）IP 地址与子网划分的操作实例	（1）方法：讲授法、讨论法、实训（练习）法、演示法、案例教学法 （2）重点与难点：路由器和交换机基础知识	2
		（2）路由协议的配置	1）静态路由协议 2）动态路由协议 3）静态、动态路由协议配置的操作实例	（1）方法：讲授法、讨论法、实训（练习）法、演示法、案例教学法 （2）重点与难点：动态路由协议配置的操作实例	2
		（3）无线网络设备的配置	1）WLAN（无线局域网）简介 2）WLAN 安全基础知识 3）WLAN 配置的操作实例	（1）方法：讲授法、讨论法、实训（练习）法、演示法、案例教学法 （2）重点与难点：WLAN 配置的操作实例	2

续表

模块	课程	学习单元	课程内容	培训建议	课堂学时
1．网络与信息安全防护	1-1 网络安全配置与防护	（4）网络设备基础安全配置	1）交换机安全基础知识 2）路由器安全基础知识 3）SSH（安全外壳）配置的操作实例	（1）方法：讲授法、讨论法、实训（练习）法、演示法、案例教学法 （2）重点与难点：路由器和交换机的安全基础知识	2
	1-2 系统安全配置与防护	（1）Windows 操作系统密码策略与账户策略的配置	1）Windows 操作系统账户策略 2）Windows 操作系统密码策略 3）Windows 操作系统账户、密码策略配置的操作实例	（1）方法：讲授法、讨论法、实训（练习）法、演示法、案例教学法 （2）重点与难点：Windows 操作系统账户和密码策略	2
		（2）Linux 操作系统密码策略与账户策略的配置	1）Linux 操作系统账户策略 2）Linux 操作系统密码策略 3）Linux 操作系统账户、密码策略配置的操作实例	（1）方法：讲授法、讨论法、实训（练习）法、演示法、案例教学法 （2）重点与难点：Linux 操作系统账户和密码策略	2
		（3）Windows 操作系统自带防火墙的配置	1）防火墙基础知识 2）Windows 操作系统防火墙简介 3）Windows 操作系统自带防火墙配置的操作实例	（1）方法：讲授法、讨论法、实训（练习）法、演示法、案例教学法 （2）重点与难点：Windows 操作系统自带防火墙配置的操作实例	1
		（4）Linux 操作系统自带防火墙的配置	1）Linux 操作系统防火墙简介 2）firewalld 简介 3）Linux 操作系统自带防火墙配置的操作实例	（1）方法：讲授法、讨论法、实训（练习）法、演示法、案例教学法 （2）重点与难点：Linux 操作系统自带防火墙配置的操作实例	1

续表

模块	课程	学习单元	课程内容	培训建议	课堂学时
1. 网络与信息安全防护	1-2 系统安全配置与防护	(5) 防病毒软件的安装部署	1) 恶意代码防范基础知识 2) Microsoft Defender 简介 3) Microsoft Defender 安装部署的操作实例	(1) 方法：讲授法、讨论法、实训（练习）法、演示法、案例教学法 (2) 重点与难点：Microsoft Defender 安装部署的操作实例	2
		(6) Windows 操作系统安全审核功能的配置	1) 安全审核的作用 2) Windows 操作系统安全审核策略 3) Windows 操作系统安全审核的操作实例	(1) 方法：讲授法、讨论法、实训（练习）法、演示法、案例教学法 (2) 重点与难点：Windows 操作系统安全审核的操作实例	1
		(7) Linux 操作系统安全审核功能的配置	1) Linux 操作系统安全审核策略 2) Fedora Server 安全审核 3) Linux 操作系统安全审核的操作实例	(1) 方法：讲授法、讨论法、实训（练习）法、演示法、案例教学法 (2) 重点与难点：Linux 操作系统安全审核的操作实例	1
	1-3 应用安全配置与防护	(1) 常见应用服务的配置	1) HTTP（超文本传输协议）基础知识 2) DNS（域名系统）基础知识 3) FTP（文件传输协议）基础知识 4) 身份验证基础知识 5) IIS（互联网信息服务）服务器搭建的操作实例 6) FTP 服务器搭建的操作实例	(1) 方法：讲授法、讨论法、实训（练习）法、演示法、案例教学法 (2) 重点与难点：IIS 服务器和 FTP 服务器搭建的操作实例	2

续表

模块	课程	学习单元	课程内容	培训建议	课堂学时
1. 网络与信息安全防护	1-3 应用安全配置与防护	（2）应用服务基本防护的配置	1）Web 服务器安全配置与防护 2）DNS 服务器安全配置与防护 3）FTP 服务器安全配置与防护 4）IIS 服务器安全加固的操作实例 5）FTP 服务器安全加固的操作实例	（1）方法：讲授法、讨论法、实训（练习）法、演示法、案例教学法 （2）重点与难点：IIS 服务器和 FTP 服务器安全加固的操作实例	2
2. 网络与信息安全管理	2-1 网络安全管理	（1）交换机 VLAN 的配置	1）VLAN 简介 2）VLAN 的创建、划分和查看 3）利用 VLAN 划分不同广播域	（1）方法：讲授法、讨论法、实训（练习）法、演示法、案例教学法 （2）重点与难点：VLAN 的划分	2
		（2）网络设备的远程管理	1）网络设备的四种登录方式 2）路由器、交换机的本地访问管理 3）路由器、交换机的远程访问管理 4）网络设备 VTY（虚拟终端）线路保护的操作实例	（1）方法：讲授法、讨论法、实训（练习）法、演示法、案例教学法 （2）重点与难点：路由器、交换机的远程访问管理	2
		（3）网络设备的用户安全级别管理	1）路由器、交换机的用户安全级别 2）网络设备的用户安全级别管理操作实例	（1）方法：讲授法、讨论法、实训（练习）法、演示法、案例教学法 （2）重点与难点：网络设备的用户安全级别管理操作实例	2

续表

模块	课程	学习单元	课程内容	培训建议	课堂学时
2．网络与信息安全管理	2-2 系统安全管理	(1) Windows 操作系统用户和组的基本配置管理	1）用户和组基础知识 2）Windows 操作系统的用户和组 3）Windows 操作系统用户和组管理的操作实例	(1) 方法：讲授法、讨论法、实训（练习）法、演示法、案例教学法 (2) 重点与难点：Windows 操作系统用户和组管理的操作实例	2
		(2) Linux 操作系统用户和组的基本配置管理	1）Linux 操作系统用户和组 2）Linux 操作系统用户和组管理的操作实例	(1) 方法：讲授法、讨论法、实训（练习）法、演示法、案例教学法 (2) 重点与难点：Linux 操作系统用户和组管理的操作实例	2
		(3) Windows 操作系统文件和文件夹的访问权限管理	1）文件访问控制 2）Windows 操作系统的文件访问控制 3）Windows 操作系统文件和文件夹访问权限管理的操作实例	(1) 方法：讲授法、讨论法、实训（练习）法、演示法、案例教学法 (2) 重点与难点：Windows 操作系统文件和文件夹访问权限管理的操作实例	1
		(4) Linux 操作系统文件和文件夹的访问权限管理	1）Linux 操作系统的文件系统 2）Linux 操作系统的文件访问控制 3）Linux 操作系统文件和文件夹访问权限管理的操作实例	(1) 方法：讲授法、讨论法、实训（练习）法、演示法、案例教学法 (2) 重点与难点：Linux 操作系统文件和文件夹访问权限管理的操作实例	1
		(5) 操作系统补丁更新	1）安全漏洞基础知识 2）Windows Server 更新服务简介 3）Windows Server 更新服务的操作实例	(1) 方法：讲授法、讨论法、实训（练习）法、演示法、案例教学法 (2) 重点与难点：Windows Server 更新服务的操作实例	2

续表

模块	课程	学习单元	课程内容	培训建议	课堂学时
2. 网络与信息安全管理	2-2 系统安全管理	（6）防病毒软件安全保护策略配置和定期升级服务	1）计算机病毒基础知识 2）防病毒软件的基本工作原理 3）防病毒软件安全保护策略配置和定期升级服务的操作实例	（1）方法：讲授法、讨论法、实训（练习）法、演示法、案例教学法 （2）重点与难点：防病毒软件安全保护策略配置和定期升级服务的操作实例	2
	2-3 应用安全管理	（1）企业域名备案	1）域名备案相关规定 2）域名备案流程 3）域名备案操作实例	（1）方法：讲授法、讨论法、实训（练习）法、演示法、案例教学法 （2）重点与难点：域名备案流程	2
		（2）企业应用服务域名解析的管理	1）域名相关知识 2）域名解析的配置流程 3）DNS 服务器搭建的操作实例	（1）方法：讲授法、讨论法、实训（练习）法、演示法、案例教学法 （2）重点与难点：DNS 服务器搭建的操作实例	2
		（3）应用数据备份	1）数据备份简介 2）Windows 操作系统备份 3）Windows Server Backup 服务管理的操作实例	（1）方法：讲授法、讨论法、实训（练习）法、演示法、案例教学法 （2）重点与难点：应用数据备份	2
3. 网络与信息安全处置	3-1 网络安全事件处置	（1）使用网络诊断工具识别及处理常见网络故障	1）常用网络诊断工具 2）常见网络故障处理方法 3）网络故障的排除步骤 4）Linux 操作系统服务器网络故障诊断操作实例	（1）方法：讲授法、讨论法、实训（练习）法、演示法、案例教学法 （2）重点与难点：网络故障的排除步骤	2

续表

模块	课程	学习单元	课程内容	培训建议	课堂学时
3．网络与信息安全处置	3-1 网络安全事件处置	（2）常见网络层攻击的识别	1）常见网络层攻击 2）OPNsense 简介 3）OPNsense 入侵防御功能部署的操作实例	（1）方法：讲授法、讨论法、实训（练习）法、演示法、案例教学法 （2）重点与难点：常见网络层攻击	2
	3-2 系统及应用安全事件处置	（1）常见系统安全事件的识别	1）常见系统安全事件的分类 2）Windows 操作系统日志分析的操作实例	（1）方法：讲授法、讨论法、实训（练习）法、演示法、案例教学法 （2）重点与难点：Windows 日志分析的操作实例	2
		（2）恶意代码的检测与清除	1）恶意代码的基本工作原理 2）恶意代码的扫描与清除方法 3）使用 Windows Defender 查杀恶意代码的操作实例	（1）方法：讲授法、讨论法、实训（练习）法、演示法、案例教学法 （2）重点与难点：恶意代码的扫描与清除方法	4
		（3）应用数据的恢复	1）数据恢复基本知识 2）Windows 操作系统备份数据还原 3）Windows Server Backup 数据恢复的操作实例	（1）方法：讲授法、讨论法、实训（练习）法、演示法、案例教学法 （2）重点与难点：Windows Server Backup 数据恢复的操作实例	2
课堂学时合计					56

2.2.3 三级/高级工职业技能培训课程规范（网络安全管理员、信息安全管理员）

模块	课程	学习单元	课程内容	培训建议	课堂学时
1．网络与信息安全防护	1-1 网络安全防护	（1）企业级交换机、路由器的安全加固	1）交换机的安全配置方法 2）路由器的安全配置方法 3）企业级交换机、路由器安全加固的操作实例	（1）方法：讲授法、讨论法、实训（练习）法、演示法、案例教学法 （2）重点与难点：路由器、交换机的安全配置方法	2
		（2）边界防护设备的部署配置	1）防火墙 ①防火墙系统的概念 ②防火墙的功能 ③防火墙的工作原理 2）网闸 ①网闸的概念 ②网闸的功能 3）防火墙部署配置的操作实例	（1）方法：讲授法、讨论法、实训（练习）法、演示法、案例教学法 （2）重点与难点：防火墙部署配置的操作实例	2
		（3）入侵检测、防御系统的部署配置	1）入侵检测系统 ①入侵检测系统的概念 ②入侵检测系统的分类 ③入侵检测系统的功能 2）入侵防御系统 ①入侵防御系统的概念 ②入侵防御系统的分类 ③入侵防御系统的功能 3）入侵检测、防御系统部署配置的操作实例	（1）方法：讲授法、讨论法、实训（练习）法、演示法、案例教学法 （2）重点与难点：入侵检测、防御系统部署配置的操作实例	2
		（4）无线网络安全的部署配置	1）无线网络安全配置方法 2）无线网络安全管理中心配置的操作实例	（1）方法：讲授法、讨论法、实训（练习）法、演示法、案例教学法 （2）重点与难点：无线网络安全管理中心配置的操作实例	1

续表

模块	课程	学习单元	课程内容	培训建议	课堂学时
1. 网络与信息安全防护	1-1 网络安全防护	（5）网络安全审计设备的部署配置	1）网络安全审计设备配置方法 2）网络安全审计设备部署配置的操作实例	（1）方法：讲授法、讨论法、实训（练习）法、演示法、案例教学法 （2）重点与难点：网络安全审计设备部署配置的操作实例	1
	1-2 系统安全防护	（1）系统安全策略的配置	1）文件系统基本知识 2）系统攻击知识 3）系统安全加固方法 4）系统安全策略配置的操作实例	（1）方法：讲授法、讨论法、实训（练习）法、演示法、案例教学法 （2）重点与难点：系统安全策略配置的操作实例	2
		（2）系统自带防火墙访问控制规则的配置	1）系统自带防火墙访问控制规则的配置方法 2）系统自带防火墙访问控制规则配置的操作实例	（1）方法：讲授法、讨论法、实训（练习）法、演示法、案例教学法 （2）重点与难点：系统自带防火墙访问控制规则配置的操作实例	2
		（3）常见恶意代码的防范	1）常见恶意代码防范技术 2）恶意代码安全防范策略配置的操作实例	（1）方法：讲授法、讨论法、实训（练习）法、演示法、案例教学法 （2）重点与难点：恶意代码安全防范策略配置的操作实例	2
	1-3 应用安全防护	（1）数据加密传输的配置	1）传输加密知识 2）常见应用的数据加密传输方法 3）数据加密传输配置的操作实例	（1）方法：讲授法、讨论法、实训（练习）法、演示法、案例教学法 （2）重点与难点：数据加密传输配置的操作实例	2

续表

模块	课程	学习单元	课程内容	培训建议	课堂学时
1. 网络与信息安全防护	1-3 应用安全防护	（2）Web应用防火墙的部署	1）Web应用防火墙基本知识 2）Web应用防火墙部署方法 3）Web应用防火墙部署的操作实例	（1）方法：讲授法、讨论法、实训（练习）法、演示法、案例教学法 （2）重点与难点：Web应用防火墙部署的操作实例	2
		（3）应用安全审计的部署	1）应用安全审计基本知识 2）应用安全审计部署方法 3）应用安全审计部署的操作实例	（1）方法：讲授法、讨论法、实训（练习）法、演示法、案例教学法 （2）重点与难点：应用安全审计部署的操作实例	2
2. 网络与信息安全管理	2-1 网络安全管理	（1）防火墙网络访问控制管理	1）网络访问权限管理知识 2）防火墙网络访问控制配置的操作实例	（1）方法：讲授法、讨论法、实训（练习）法、演示法、案例教学法 （2）重点与难点：防火墙网络访问控制配置的操作实例	2
		（2）各类终端设备的无线网络接入管理	1）无线网络接入管理知识 2）终端设备接入无线网络管理的操作实例	（1）方法：讲授法、讨论法、实训（练习）法、演示法、案例教学法 （2）重点与难点：终端设备接入无线网络管理的操作实例	2
		（3）各类边界设备、网络节点的远程访问管理	1）边界设备、网络节点的远程访问 2）边界设备、网络节点的远程访问配置操作实例	（1）方法：讲授法、讨论法、实训（练习）法、演示法、案例教学法 （2）重点与难点：边界设备、网络节点的远程访问配置操作实例	1

续表

模块	课程	学习单元	课程内容	培训建议	课堂学时
2．网络与信息安全管理	2-1 网络安全管理	（4）网络设备安全日志的留存	1）网络设备安全日志管理知识 2）网络设备安全日志留存的操作实例	（1）方法：讲授法、讨论法、实训（练习）法、演示法、案例教学法 （2）重点与难点：网络设备安全日志留存的操作实例	1
	2-2 系统安全管理	（1）安全远程访问管理	1）系统安全远程访问方法 2）安全远程访问配置的操作实例	（1）方法：讲授法、讨论法、实训（练习）法、演示法、案例教学法 （2）重点与难点：安全远程访问配置的操作实例	2
		（2）系统漏洞和风险管理	1）系统漏洞和风险知识 2）系统漏洞和风险安全管理的操作实例	（1）方法：讲授法、讨论法、实训（练习）法、演示法、案例教学法 （2）重点与难点：系统漏洞和风险安全管理的操作实例	2
		（3）应用系统备份管理	1）应用系统备份知识 2）应用系统备份管理的操作实例	（1）方法：讲授法、讨论法、实训（练习）法、演示法、案例教学法 （2）重点与难点：应用系统备份管理的操作实例	2
		（4）系统日志管理	1）系统日志管理知识 2）系统日志管理的操作实例	（1）方法：讲授法、讨论法、实训（练习）法、演示法、案例教学法 （2）重点与难点：系统日志管理的操作实例	1

续表

模块	课程	学习单元	课程内容	培训建议	课堂学时
2．网络与信息安全管理	2-2 系统安全管理	（5）应用系统备案	1）应用系统备案知识 2）应用系统备案的操作实例	（1）方法：讲授法、讨论法、实训（练习）法、演示法、案例教学法 （2）重点与难点：应用系统备案的操作实例	1
	2-3 应用安全管理	（1）互联网应用的安全管理	1）互联网应用安全管理知识 2）互联网应用安全管理的操作实例	（1）方法：讲授法、讨论法、实训（练习）法、演示法、案例教学法 （2）重点与难点：互联网应用安全管理的操作实例	2
		（2）垃圾邮件等有害数据的过滤	1）数据过滤知识 2）有害数据过滤的操作实例	（1）方法：讲授法、讨论法、实训（练习）法、演示法、案例教学法 （2）重点与难点：有害数据过滤的操作实例	2
		（3）互联网访问日志的管理及审计	1）互联网访问日志管理及审计知识 2）互联网访问日志管理及审计的操作实例	（1）方法：讲授法、讨论法、实训（练习）法、演示法、案例教学法 （2）重点与难点：互联网访问日志管理的操作实例	2
3．网络与信息安全处置	3-1 网络安全事件监控和处置	（1）网络数据流量监控	1）网络监控方法 2）网络数据流量监控的操作实例	（1）方法：讲授法、讨论法、实训（练习）法、演示法、案例教学法 （2）重点与难点：网络数据流量监控的操作实例	2

续表

模块	课程	学习单元	课程内容	培训建议	课堂学时
3．网络与信息安全处置	3-1 网络安全事件监控和处置	（2）攻击流量阻断	1) 攻击流量阻断方法	（1）方法：讲授法、讨论法、实训（练习）法、演示法、案例教学法 （2）重点与难点：攻击流量阻断的操作实例	1
			2) 攻击流量阻断的操作实例		
		（3）网络安全事件日志留存及上报	1) 网络安全事件处置流程	（1）方法：讲授法、讨论法、实训（练习）法、演示法、案例教学法 （2）重点与难点：网络安全事件日志留存及上报的操作实例	1
			2) 网络安全事件日志留存及上报的操作实例		
	3-2 系统安全事件监控和处置	（1）被病毒入侵或感染的计算机的识别、隔离	1) 计算机病毒处理方法	（1）方法：讲授法、讨论法、实训（练习）法、演示法、案例教学法 （2）重点与难点：被病毒入侵或感染的计算机的识别、隔离操作实例	2
			2) 被病毒入侵或感染的计算机的识别、隔离操作实例		
		（2）系统异常状态识别及系统后门清除	1) 系统后门处理方法	（1）方法：讲授法、讨论法、实训（练习）法、演示法、案例教学法 （2）重点与难点：利用工具清除系统后门的操作实例	2
			2) 利用工具清除系统后门的操作实例		
		（3）系统异常状态检测及恢复	1) 系统安全事件处置流程	（1）方法：讲授法、讨论法、实训（练习）法、演示法、案例教学法 （2）重点与难点：系统异常状态检测及恢复的操作实例	1
			2) 系统异常状态检测及恢复的操作实例		

续表

模块	课程	学习单元	课程内容	培训建议	课堂学时
3．网络与信息安全处置	3-2 系统安全事件监控和处置	（4）病毒样本留存及上报	1）病毒样本留存方法	（1）方法：讲授法、讨论法、实训（练习）法、演示法、案例教学法 （2）重点与难点：病毒样本留存及上报的操作实例	1
			2）病毒样本留存及上报的操作实例		
	3-3 应用安全事件监控和处置	（1）数据库、Web服务等应用访问日志的提取	1）日志提取方法	（1）方法：讲授法、讨论法、实训（练习）法、演示法、案例教学法 （2）重点与难点：应用访问日志提取的操作实例	2
			2）应用访问日志提取的操作实例		
		（2）日志分析与事件识别、定位	1）日志分析方法	（1）方法：讲授法、讨论法、实训（练习）法、演示法、案例教学法 （2）重点与难点：日志分析与事件识别、定位的操作实例	2
			2）日志分析与事件识别、定位的操作实例		
		（3）违法有害信息的识别及处置	1）违法有害信息识别方法	（1）方法：讲授法、讨论法、实训（练习）法、演示法、案例教学法 （2）重点与难点：违法有害信息识别及处置的操作实例	1
			2）违法有害信息识别及处置的操作实例		
		（4）应用安全事件相关记录、证据的留存及上报	1）应用安全事件处置流程	（1）方法：讲授法、讨论法、实训（练习）法、演示法、案例教学法 （2）重点与难点：应用安全事件相关记录、证据留存及上报的操作实例	1
			2）应用安全事件相关记录、证据留存及上报的操作实例		
课堂学时合计					56

2.2.4 二级/技师职业技能培训课程规范（网络安全管理员）

模块	课程	学习单元	课程内容	培训建议	课堂学时
1. 网络与信息安全防护	1-1 网络安全防护	（1）网络漏洞的扫描、分析及安全加固	1）漏洞库知识 2）网络漏洞扫描、分析及安全加固的操作实例	（1）方法：讲授法、讨论法、实训（练习）法、演示法、案例教学法 （2）重点与难点：网络漏洞扫描、分析及安全加固的操作实例	1
		（2）安全域及安全策略的配置	1）网络安全规划相关知识 2）安全域及安全策略配置的操作实例	（1）方法：讲授法、讨论法、实训（练习）法、演示法、案例教学法 （2）重点与难点：安全域及安全策略配置的操作实例	1
		（3）重要设备硬件冗余的配置	1）链路冗余、负载均衡等网络高可用性措施 2）重要设备硬件冗余配置的操作实例	（1）方法：讲授法、讨论法、实训（练习）法、演示法、案例教学法 （2）重点与难点：重要设备硬件冗余配置的操作实例	1
		（4）VPN的配置	1）虚拟专用网络知识 2）VPN配置的操作实例	（1）方法：讲授法、讨论法、实训（练习）法、演示法、案例教学法 （2）重点与难点：VPN配置的操作实例	1
	1-2 系统安全防护	（1）系统安全扫描及风险分析	1）安全扫描知识 2）风险分析知识 3）系统安全措施调整方法 4）系统安全扫描、风险分析及安全措施调整的操作实例	（1）方法：讲授法、讨论法、实训（练习）法、演示法、案例教学法 （2）重点与难点：系统安全扫描、风险分析及安全措施调整的操作实例	2

课程包

续表

模块	课程	学习单元	课程内容	培训建议	课堂学时
1. 网络与信息安全防护	1-2 系统安全防护	（2）启用数据加密策略对应用数据进行保护	1）数据加密策略	（1）方法：讲授法、讨论法、实训（练习）法、演示法、案例教学法 （2）重点与难点：启用数据加密策略对应用数据进行有效保护的操作实例	1
			2）启用数据加密策略对应用数据进行有效保护的操作实例		
	1-3 应用安全防护	（1）互联网应用漏洞的扫描及风险分析	1）互联网应用漏洞扫描及风险分析知识	（1）方法：讲授法、讨论法、实训（练习）法、演示法、案例教学法 （2）重点与难点：互联网应用漏洞扫描及风险分析的操作实例	1
			2）互联网应用漏洞扫描及风险分析的操作实例		
		（2）漏洞测试及验证	1）漏洞测试及验证知识	（1）方法：讲授法、讨论法、实训（练习）法、演示法、案例教学法 （2）重点与难点：漏洞测试及验证的操作实例	1
			2）漏洞测试及验证的操作实例		
		（3）Web应用防火墙的配置	1）Web应用防火墙配置方法	（1）方法：讲授法、讨论法、实训（练习）法、演示法、案例教学法 （2）重点与难点：Web应用防火墙配置的操作实例	1
			2）Web应用防火墙配置的操作实例		
		（4）反垃圾邮件网关实施方案的规划	1）垃圾邮件处理高级应用	（1）方法：讲授法、讨论法、实训（练习）法、演示法、案例教学法 （2）重点与难点：反垃圾邮件网关实施方案的规划方法	1
			2）反垃圾邮件网关实施方案的规划方法		

续表

模块	课程	学习单元	课程内容	培训建议	课堂学时
2. 网络与信息安全管理	2-1 网络安全等级保护	(1) 网络安全等级保护基础	1) 网络安全等级保护制度	(1) 方法：讲授法、讨论法、实训（练习）法、演示法、案例教学法 (2) 重点与难点：网络安全基线配置检查的操作实例	2
			2) 网络安全基线配置检查的操作实例		
		(2) 网络安全基线配置的检查及加固整改	1) 网络安全等级保护基本要求	(1) 方法：讲授法、讨论法、实训（练习）法、演示法、案例教学法 (2) 重点与难点：根据安全基线检查情况进行加固或给出整改建议的操作实例	2
			2) 根据安全基线检查情况进行加固或给出整改建议的操作实例		
	2-2 应用安全评估	(1) 互联网服务自评估	1) 互联网应用安全评估技术	(1) 方法：讲授法、讨论法、实训（练习）法、演示法、案例教学法 (2) 重点与难点：互联网服务自评估的操作实例	1
			2) 互联网服务自评估的操作实例		
		(2) 信息网络安全技术方案的编制	1) 信息网络安全技术方案的编制方法	(1) 方法：讲授法、讨论法、实训（练习）法、演示法、案例教学法 (2) 重点与难点：信息网络安全技术方案编制的操作实例	1
			2) 信息网络安全技术方案编制的操作实例		
		(3) 渗透测试工作的配合	1) 渗透测试知识	(1) 方法：讲授法、讨论法、实训（练习）法、演示法、案例教学法 (2) 重点与难点：配合完成渗透测试工作的操作实例	2
			2) 配合完成渗透测试工作的操作实例		

课程包

续表

模块	课程	学习单元	课程内容	培训建议	课堂学时
2．网络与信息安全管理	2-2 应用安全评估	（4）根据渗透测试报告进行安全加固	1）应用安全加固知识	（1）方法：讲授法、讨论法、实训（练习）法、演示法、案例教学法	2
			2）根据渗透测试报告进行安全加固或给出安全加固建议的操作实例	（2）重点与难点：根据渗透测试报告进行安全加固或给出安全加固建议的操作实例	
3．网络与信息安全处置	3-1 网络安全事件监测	（1）网络链路运行状况的监测	1）网络监测工具	（1）方法：讲授法、讨论法、实训（练习）法、演示法、案例教学法	2
			2）网络链路运行状况监测的操作实例	（2）重点与难点：网络链路运行状况监测的操作实例	
		（2）网络设备运行状况的监测	1）网络安全事件监测方法	（1）方法：讲授法、讨论法、实训（练习）法、演示法、案例教学法	1
			2）网络设备运行状况监测的操作实例	（2）重点与难点：网络设备运行状况监测的操作实例	
		（3）安全设备运行状况的监测	1）安全设备运行状况的监测方法	（1）方法：讲授法、讨论法、实训（练习）法、演示法、案例教学法	1
			2）安全设备运行状况监测的操作实例	（2）重点与难点：安全设备运行状况监测的操作实例	
		（4）系统运行状况的监测	1）系统运行状况的监测方法	（1）方法：讲授法、讨论法、实训（练习）法、演示法、案例教学法	1
			2）系统运行状况监测的操作实例	（2）重点与难点：系统运行状况监测的操作实例	

续表

模块	课程	学习单元	课程内容	培训建议	课堂学时
3. 网络与信息安全处置	3-2 网络安全事件分析	（1）设备监测数据的清洗及汇总	1）常用的数据清洗方法 2）对设备监测数据进行清洗及汇总的操作实例	（1）方法：讲授法、讨论法、实训（练习）法、演示法、案例教学法 （2）重点与难点：对设备监测数据进行清洗及汇总的操作实例	2
		（2）设备监测数据的分析	1）常用的数据分析方法 2）对设备监测数据进行分析的操作实例	（1）方法：讲授法、讨论法、实训（练习）法、演示法、案例教学法 （2）重点与难点：对设备监测数据进行分析的操作实例	2
	3-3 网络安全事件响应	（1）常见网络安全事件的响应	1）常见网络安全事件的响应流程 2）常见网络安全事件响应的操作实例	（1）方法：讲授法、讨论法、实训（练习）法、演示法、案例教学法 （2）重点与难点：网络安全事件响应的操作实例	2
		（2）常见网络攻击的溯源及上报	1）常见网络攻击的溯源及上报方法 2）常见网络攻击溯源及上报的操作实例	（1）方法：讲授法、讨论法、实训（练习）法、演示法、案例教学法 （2）重点与难点：常见网络攻击溯源及上报的操作实例	1
		（3）网络安全事件相关记录、证据的留存	1）网络安全事件相关记录、证据的留存方法 2）网络安全事件相关记录、证据留存的操作实例	（1）方法：讲授法、讨论法、实训（练习）法、演示法、案例教学法 （2）重点与难点：网络安全事件相关记录、证据留存的操作实例	1

续表

模块	课程	学习单元	课程内容	培训建议	课堂学时
4．培训指导	4-1 培训实施	（1）培训工作计划的制订	培训工作计划的制订要求和方法	（1）方法：讲授法、讨论法、实训（练习）法、演示法、案例教学法 （2）重点与难点：培训工作计划的制订要求和方法	1
		（2）培训方案的编制及实施	培训方案编制及实施的要求和方法	（1）方法：讲授法、讨论法、实训（练习）法、演示法、案例教学法 （2）重点与难点：培训方案编制及实施的要求和方法	1
		（3）培训教材、讲义、课件的编写	培训教材、讲义、课件的编写知识	（1）方法：讲授法、讨论法、实训（练习）法、演示法、案例教学法 （2）重点与难点：培训教材、讲义、课件的编写知识	1
		（4）培训宣讲	教学教法	（1）方法：讲授法、讨论法、实训（练习）法、演示法、案例教学法 （2）重点与难点：教学教法	1
	4-2 技术指导	（1）技能指导	操作经验和技能的总结方法	（1）方法：讲授法、讨论法、实训（练习）法、演示法、案例教学法 （2）重点与难点：操作经验和技能的总结方法	1

续表

模块	课程	学习单元	课程内容	培训建议	课堂学时
4. 培训指导	4-2 技术指导	(2) 考核指导	操作技能和理论知识水平考核要求	(1) 方法：讲授法、讨论法、实训（练习）法、演示法、案例教学法 (2) 重点与难点：操作技能和理论知识水平考核要求	1
课堂学时合计					40

2.2.5 二级／技师职业技能培训课程规范（信息安全管理员）

模块	课程	学习单元	课程内容	培训建议	课堂学时
1. 网络与信息安全防护	1-1 信息资产安全防护	(1) 信息资产分类分级	1) 信息资产分类分级知识 2) 网络安全规划相关知识 3) 信息资产分类分级及安全域划分的操作实例	(1) 方法：讲授法、讨论法、实训（练习）法、演示法、案例教学法 (2) 重点与难点：信息资产分类分级及安全域划分的操作实例	2
		(2) 安全域资源防护策略的制定	1) 安全域资源防护策略的制定方法 2) 安全域资源防护策略制定的操作实例	(1) 方法：讲授法、讨论法、实训（练习）法、演示法、案例教学法 (2) 重点与难点：安全域资源防护策略制定的操作实例	2
	1-2 数据安全防护	(1) 数据安全存储策略、数据加密策略的配置	1) 数据分级分类知识 2) 数据安全存储策略、数据加密策略知识 3) 数据安全存储策略、数据加密策略配置的操作实例	(1) 方法：讲授法、讨论法、实训（练习）法、演示法、案例教学法 (2) 重点与难点：数据安全存储策略、数据加密策略配置的操作实例	2

课程包

续表

模块	课程	学习单元	课程内容	培训建议	课堂学时
1. 网络与信息安全防护	1-2 数据安全防护	(2) 数据容灾策略的制定	1) 数据容灾策略知识 2) 数据容灾策略制定的操作实例	(1) 方法：讲授法、讨论法、实训（练习）法、演示法、案例教学法 (2) 重点与难点：数据容灾策略制定的操作实例	2
	1-3 互联网信息安全防护	(1) 重要信息脆弱性的评估及防护	1) 脆弱性评估方法 2) 对重要信息进行脆弱性评估并给出防护建议	(1) 方法：讲授法、讨论法、实训（练习）法、演示法、案例教学法 (2) 重点与难点：对个人用户名、密码等重要信息进行脆弱性评估并给出防护建议	2
		(2) 员工个人信息安全策略的配置	1) 个人信息的定义 2) 员工个人信息安全策略配置的操作实例	(1) 方法：讲授法、讨论法、实训（练习）法、演示法、案例教学法 (2) 重点与难点：员工个人信息安全策略配置的操作实例	2
	2-1 数据安全管理	(1) 数据在存储、通信中的公私钥和证书管理	1) 公私钥、证书管理知识 2) 数据在存储、通信中的公私钥和证书管理操作实例	(1) 方法：讲授法、讨论法、实训（练习）法、演示法、案例教学法 (2) 重点与难点：数据在存储、通信中的公私钥和证书管理操作实例	2
		(2) 数据高可用管理	1) 数据高可用知识 2) 对数据进行高可用管理的操作实例	(1) 方法：讲授法、讨论法、实训（练习）法、演示法、案例教学法 (2) 重点与难点：对数据进行高可用管理的操作实例	2

续表

模块	课程	学习单元	课程内容	培训建议	课堂学时
2．网络与信息安全管理	2-1 数据安全管理	（3）重要数据保护	1）数据分类、备份、加密知识	（1）方法：讲授法、讨论法、实训（练习）法、演示法、案例教学法 （2）重点与难点：采用数据分类、备份、加密等措施加强重要数据保护的操作实例	1
			2）采用数据分类、备份、加密等措施加强重要数据保护的操作实例		
	2-2 互联网信息安全管理	（1）信息安全管理义务的履行	信息安全管理义务	（1）方法：讲授法、讨论法、实训（练习）法、演示法、案例教学法 （2）重点与难点：信息安全管理义务	2
		（2）个人敏感信息安全保护技术方案的编制	1）个人敏感信息的定义	（1）方法：讲授法、讨论法、实训（练习）法、演示法、案例教学法 （2）重点与难点：个人敏感信息安全保护技术方案的编制方法	2
			2）个人敏感信息安全保护技术方案的编制方法		
		（3）个人敏感信息脆弱性的评估及防护	1）个人敏感信息安全保护技术	（1）方法：讲授法、讨论法、实训（练习）法、演示法、案例教学法 （2）重点与难点：对个人敏感信息进行脆弱性评估并给出防护建议	1
			2）对个人敏感信息进行脆弱性评估并给出防护建议		
3．网络与信息安全处置	3-1 信息安全事件监测	（1）信息破坏事件的监测	1）信息破坏事件的分类	（1）方法：讲授法、讨论法、实训（练习）法、演示法、案例教学法 （2）重点与难点：信息破坏事件监测的操作实例	2
			2）信息破坏事件监测的操作实例		

课程包

续表

模块	课程	学习单元	课程内容	培训建议	课堂学时
3. 网络与信息安全处置	3-1 信息安全事件监测	（2）信息内容安全事件的监测	1）信息内容安全事件的分类	（1）方法：讲授法、讨论法、实训（练习）法、演示法、案例教学法 （2）重点与难点：信息内容安全事件监测的操作实例	2
			2）信息内容安全事件监测的操作实例		
		（3）其他信息安全事件的监测	1）常用的数据清洗方法	（1）方法：讲授法、讨论法、实训（练习）法、演示法、案例教学法 （2）重点与难点：其他信息安全事件监测的操作实例	1
			2）其他信息安全事件监测的操作实例		
	3-2 信息安全事件分析	（1）信息安全监测数据的清洗及汇总	1）常用的数据分析方法	（1）方法：讲授法、讨论法、实训（练习）法、演示法、案例教学法 （2）重点与难点：对信息安全监测数据进行清洗及汇总的操作实例	2
			2）对信息安全监测数据进行清洗及汇总的操作实例		
		（2）信息安全监测数据的分析	对信息安全监测数据进行分析的操作实例	（1）方法：讲授法、讨论法、实训（练习）法、演示法、案例教学法 （2）重点与难点：对信息安全监测数据进行分析的操作实例	1
	3-3 信息安全事件响应	（1）常见信息安全事件的响应	1）信息安全事件的响应流程	（1）方法：讲授法、讨论法、实训（练习）法、演示法、案例教学法 （2）重点与难点：信息安全事件响应的操作实例	2
			2）信息安全事件响应的操作实例		

续表

模块	课程	学习单元	课程内容	培训建议	课堂学时
3．网络与信息安全处置	3-3 信息安全事件响应	（2）常见信息安全事件的溯源及上报	1）信息安全事件的溯源及上报方法	（1）方法：讲授法、讨论法、实训（练习）法、演示法、案例教学法 （2）重点与难点：常见信息安全事件溯源及上报的操作实例	1
			2）常见信息安全事件溯源及上报的操作实例		
		（3）信息安全事件相关记录、证据的留存	1）信息安全事件相关记录、证据的留存方法	（1）方法：讲授法、讨论法、实训（练习）法、演示法、案例教学法 （2）重点与难点：信息安全事件相关记录、证据留存的操作实例	1
			2）信息安全事件相关记录、证据留存的操作实例		
4．培训指导	4-1 培训实施	（1）培训工作计划的制订	培训工作计划的制订要求和方法	（1）方法：讲授法、讨论法、实训（练习）法、演示法、案例教学法 （2）重点与难点：培训工作计划的制订要求和方法	1
		（2）培训方案的编制及实施	培训方案编制及实施的要求和方法	（1）方法：讲授法、讨论法、实训（练习）法、演示法、案例教学法 （2）重点与难点：培训方案编制及实施的要求和方法	1
		（3）培训教材、讲义、课件的编写	培训教材、讲义、课件的编写知识	（1）方法：讲授法、讨论法、实训（练习）法、演示法、案例教学法 （2）重点与难点：培训教材、讲义、课件的编写知识	1

续表

模块	课程	学习单元	课程内容	培训建议	课堂学时
4. 培训指导	4-1 培训实施	（4）培训宣讲	教学教法	（1）方法：讲授法、讨论法、实训（练习）法、演示法、案例教学法 （2）重点与难点：教学教法	1
	4-2 技术指导	（1）技能指导	操作经验和技能的总结方法	（1）方法：讲授法、讨论法、实训（练习）法、演示法、案例教学法 （2）重点与难点：操作经验和技能的总结方法	1
		（2）考核指导	操作技能和理论知识水平的考核要求	（1）方法：讲授法、讨论法、实训（练习）法、演示法、案例教学法 （2）重点与难点：操作技能和理论知识水平的考核要求	1
课堂学时合计					40

2.2.6　一级/高级技师职业技能培训课程规范（网络安全管理员）

模块	课程	学习单元	课程内容	培训建议	课堂学时
1. 网络与信息安全防护	1-1 网络安全风险评估	（1）组织整体业务系统安全风险的评估	1）风险评估知识 2）组织整体业务系统安全风险评估的操作实例	（1）方法：讲授法、讨论法、实训（练习）法、演示法、案例教学法 （2）重点与难点：组织整体业务系统安全风险评估的操作实例	2

续表

模块	课程	学习单元	课程内容	培训建议	课堂学时
1．网络与信息安全防护	1-1 网络安全风险评估	（2）网络和应用系统渗透测试及漏洞验证和修补	1）网络和应用系统渗透测试知识	（1）方法：讲授法、讨论法、实训（练习）法、演示法、案例教学法 （2）重点与难点：网络和应用系统渗透测试及漏洞验证和修补的操作实例	2
			2）网络和应用系统渗透测试及漏洞验证和修补的操作实例		
	1-2 新技术、新应用安全防护	（1）云计算应用安全防护策略	1）云计算安全防护知识	（1）方法：讲授法、讨论法、实训（练习）法、演示法、案例教学法 （2）重点与难点：云计算应用安全防护策略知识	2
			2）云计算应用安全防护策略知识		
		（2）物联网应用安全防护策略	1）物联网安全防护知识	（1）方法：讲授法、讨论法、实训（练习）法、演示法、案例教学法 （2）重点与难点：物联网应用安全防护策略知识	1
			2）物联网应用安全防护策略知识		
		（3）移动互联网应用安全防护策略	1）移动互联网安全防护知识	（1）方法：讲授法、讨论法、实训（练习）法、演示法、案例教学法 （2）重点与难点：移动互联网应用安全防护策略知识	1
			2）移动互联网应用安全防护策略知识		
		（4）工业控制系统安全防护策略	1）工业控制系统安全防护知识	（1）方法：讲授法、讨论法、实训（练习）法、演示法、案例教学法 （2）重点与难点：工业控制系统安全防护策略知识	1
			2）工业控制系统安全防护策略知识		

课程包

续表

模块	课程	学习单元	课程内容	培训建议	课堂学时
1. 网络与信息安全防护	1-2 新技术、新应用安全防护	(5) 大数据应用安全防护策略	1) 大数据应用安全防护知识	(1) 方法：讲授法、讨论法、实训（练习）法、演示法、案例教学法 (2) 重点与难点：大数据应用安全防护策略知识	1
			2) 大数据应用安全防护策略知识		
		(6) 区块链等其他新技术、新应用安全防护策略	1) 区块链等其他新技术、新应用安全防护知识	(1) 方法：讲授法、讨论法、实训（练习）法、演示法、案例教学法 (2) 重点与难点：区块链等其他新技术、新应用安全防护策略知识	1
			2) 区块链等其他新技术、新应用安全防护策略知识		
2. 网络与信息安全管理	2-1 网络安全风险管理	(1) 网络安全风险管理制度的制定	1) 网络安全风险管理知识	(1) 方法：讲授法、讨论法、实训（练习）法、演示法、案例教学法 (2) 重点与难点：网络安全风险管理制度的制定方法	1
			2) 网络安全风险管理制度的制定方法		
		(2) 漏洞评估及安全管理措施制定	1) 漏洞评估技术	(1) 方法：讲授法、讨论法、实训（练习）法、演示法、案例教学法 (2) 重点与难点：安全管理措施制定方法	2
			2) 安全管理措施制定方法		
	2-2 网络安全等级保护	(1) 网络安全等级保护定级	1) 网络安全等级保护定级知识	(1) 方法：讲授法、讨论法、实训（练习）法、演示法、案例教学法 (2) 重点与难点：网络和信息系统安全定级的操作实例	2
			2) 网络和信息系统安全定级的操作实例		

续表

模块	课程	学习单元	课程内容	培训建议	课堂学时
2. 网络与信息安全管理	2-2 网络安全等级保护	(2) 网络安全等级保护备案	1) 网络安全等级保护备案知识	(1) 方法：讲授法、讨论法、实训（练习）法、演示法、案例教学法 (2) 重点与难点：网络安全等级保护备案的操作实例	1
			2) 网络安全等级保护备案的操作实例		
		(3) 网络安全等级保护建设的整改	1) 网络安全等级保护建设的整改知识	(1) 方法：讲授法、讨论法、实训（练习）法、演示法、案例教学法 (2) 重点与难点：网络安全等级保护建设整改的操作实例	2
			2) 网络安全等级保护建设整改的操作实例		
		(4) 网络安全自我监督检查	1) 网络安全自我监督检查知识	(1) 方法：讲授法、讨论法、实训（练习）法、演示法、案例教学法 (2) 重点与难点：网络安全自我监督检查的操作实例	1
			2) 网络安全自我监督检查的操作实例		
	2-3 关键信息基础设施保护	(1) 关键信息基础设施安全检查	1) 关键信息基础设施安全检查要求	(1) 方法：讲授法、讨论法、实训（练习）法、演示法、案例教学法 (2) 重点与难点：关键信息基础设施安全检查的操作实例	1
			2) 关键信息基础设施安全检查的操作实例		
		(2) 关键信息基础设施安全加固方案的编制	1) 网络安全事件预警机制	(1) 方法：讲授法、讨论法、实训（练习）法、演示法、案例教学法 (2) 重点与难点：关键信息基础设施安全加固方案编制的操作实例	2
			2) 关键信息基础设施安全加固方案编制的操作实例		

课程包

续表

模块	课程	学习单元	课程内容	培训建议	课堂学时
2．网络与信息安全管理	2-3 关键信息基础设施保护	（3）网络安全事件应急方案的编制	1）网络安全事件应急方案的编制方法	（1）方法：讲授法、讨论法、实训（练习）法、演示法、案例教学法 （2）重点与难点：网络安全事件应急方案的编制方法	1
			2）网络安全事件应急方案的编制方法		
3．网络与信息安全处置	3-1 网络安全事件预警	（1）网络安全事件预警机制的建立	1）网络安全事件预警机制的建立方法	（1）方法：讲授法、讨论法、实训（练习）法、演示法、案例教学法 （2）重点与难点：网络安全事件预警机制的建立流程	2
			2）网络安全事件预警机制的建立流程		
		（2）网络安全事件风险定级、响应级别设计和应急预案制定	1）风险定级、响应级别设计和应急预案制定的方法	（1）方法：讲授法、讨论法、实训（练习）法、演示法、案例教学法 （2）重点与难点：风险定级、响应级别设计和应急预案制定的操作实例	1
			2）风险定级、响应级别设计和应急预案制定的操作实例		
	3-2 网络安全事件证据保存	（1）静态数据的提取及固定	1）静态数据的提取及固定方法	（1）方法：讲授法、讨论法、实训（练习）法、演示法、案例教学法 （2）重点与难点：静态数据提取及固定的操作实例	2
			2）静态数据提取及固定的操作实例		
		（2）动态易失数据的提取及固定	1）动态易失数据的提取及固定方法	（1）方法：讲授法、讨论法、实训（练习）法、演示法、案例教学法 （2）重点与难点：动态易失数据提取及固定的操作实例	1
			2）动态易失数据提取及固定的操作实例		

续表

模块	课程	学习单元	课程内容	培训建议	课堂学时
3. 网络与信息安全处置	3-3 网络安全事件应急响应	（1）复杂网络安全事件的应急响应	1）网络安全事件的应急响应流程	（1）方法：讲授法、讨论法、实训（练习）法、演示法、案例教学法 （2）重点与难点：响应并处理复杂网络安全事件的操作实例	2
			2）响应并处理复杂网络安全事件的操作实例		
		（2）由网络安全事件造成的网络或系统损坏的恢复	1）由网络安全事件造成的网络或系统损坏的常用恢复方法	（1）方法：讲授法、讨论法、实训（练习）法、演示法、案例教学法 （2）重点与难点：恢复由网络安全事件造成的网络或系统损坏的操作实例	1
			2）恢复由网络安全事件造成的网络或系统损坏的操作实例		
4. 培训指导	4-1 培训实施	（1）培训需求的分析	培训需求分析的要求和方法	（1）方法：讲授法、讨论法、实训（练习）法、演示法、案例教学法 （2）重点与难点：培训需求分析的要求和方法	1
		（2）培训规划的编制	1）培训规划的编制要求	（1）方法：讲授法、讨论法、实训（练习）法、演示法、案例教学法 （2）重点与难点：培训规划的编制要求	1
			2）培训预算与决算方法		
		（3）培训教材、讲义、教案的组织编写	培训教材、讲义、教案的组织编写方法	（1）方法：讲授法、讨论法、实训（练习）法、演示法、案例教学法 （2）重点与难点：培训教材、讲义、教案的组织编写方法	1

续表

模块	课程	学习单元	课程内容	培训建议	课堂学时
4. 培训指导	4-1 培训实施	（4）培训宣讲	培训宣讲方法	（1）方法：讲授法、讨论法、实训（练习）法、演示法、案例教学法 （2）重点与难点：培训宣讲方法	1
	4-2 技术指导	（1）技能指导	操作技能的指导知识	（1）方法：讲授法、讨论法、实训（练习）法、演示法、案例教学法 （2）重点与难点：操作技能的指导知识	1
		（2）考核指导	操作技能和理论知识水平的考核方法	（1）方法：讲授法、讨论法、实训（练习）法、演示法、案例教学法 （2）重点与难点：操作技能水平的考核方法	1
		（3）技术改造、技术革新活动的组织开展	技术改造与革新的方法	（1）方法：讲授法、讨论法、实训（练习）法、演示法、案例教学法 （2）重点与难点：技术改造与革新的方法	1
课堂学时合计					40

2.2.7 一级／高级技师职业技能培训课程规范（信息安全管理员）

模块	课程	学习单元	课程内容	培训建议	课堂学时
1. 网络与信息安全防护	1-1 信息安全风险评估	（1）组织关键业务系统安全风险的评估	1）风险评估知识 2）组织关键业务系统安全风险评估的操作实例	（1）方法：讲授法、讨论法、实训（练习）法、演示法、案例教学法 （2）重点与难点：组织关键业务系统安全风险评估的操作实例	2

续表

模块	课程	学习单元	课程内容	培训建议	课堂学时
1. 网络与信息安全防护	1-1 信息安全风险评估	（2）信息安全风险评估报告的出具	1）信息系统渗透测试知识	（1）方法：讲授法、讨论法、实训（练习）法、演示法、案例教学法 （2）重点与难点：信息安全风险评估报告编制的操作实例	2
			2）信息安全风险评估报告编制的操作实例		
		（3）信息安全风险整改措施的制定	1）信息安全风险整改方法	（1）方法：讲授法、讨论法、实训（练习）法、演示法、案例教学法 （2）重点与难点：信息安全风险整改措施制定的操作实例	2
			2）信息安全风险整改措施制定的操作实例		
	1-2 新技术、新应用安全防护	（1）云计算应用安全防护策略	1）云计算安全防护知识	（1）方法：讲授法、讨论法、实训（练习）法、演示法、案例教学法 （2）重点与难点：云计算应用安全防护策略知识	1
			2）云计算应用安全防护策略知识		
		（2）物联网应用安全防护策略	1）物联网安全防护知识	（1）方法：讲授法、讨论法、实训（练习）法、演示法、案例教学法 （2）重点与难点：物联网应用安全防护策略知识	1
			2）物联网应用安全防护策略知识		
		（3）移动互联网应用安全防护策略	1）移动互联网安全防护知识	（1）方法：讲授法、讨论法、实训（练习）法、演示法、案例教学法 （2）重点与难点：移动互联网应用安全防护策略知识	1
			2）移动互联网应用安全防护策略知识		

续表

模块	课程	学习单元	课程内容	培训建议	课堂学时
1. 网络与信息安全防护	1-2 新技术、新应用安全防护	（4）工业控制系统安全防护策略	1）工业控制系统安全防护知识	（1）方法：讲授法、讨论法、实训（练习）法、演示法、案例教学法 （2）重点与难点：工业控制系统安全防护策略知识	1
			2）工业控制系统安全防护策略知识		
		（5）大数据应用安全防护策略	1）大数据应用安全防护知识	（1）方法：讲授法、讨论法、实训（练习）法、演示法、案例教学法 （2）重点与难点：大数据应用安全防护策略知识	1
			2）大数据应用安全防护策略知识		
		（6）区块链等其他新技术、新应用安全防护策略	1）区块链等其他新技术、新应用安全防护知识	（1）方法：讲授法、讨论法、实训（练习）法、演示法、案例教学法 （2）重点与难点：区块链等其他新技术、新应用安全防护策略知识	1
			2）区块链等其他新技术、新应用安全防护策略知识		
2. 网络与信息安全管理	2-1 信息安全风险管理	（1）信息安全风险管理制度的制定	1）信息安全风险管理知识	（1）方法：讲授法、讨论法、实训（练习）法、演示法、案例教学法 （2）重点与难点：信息安全风险管理制度的制定方法	2
			2）信息安全风险管理制度的制定方法		
		（2）漏洞评估及风险评估方案编制	1）漏洞评估技术	（1）方法：讲授法、讨论法、实训（练习）法、演示法、案例教学法 （2）重点与难点：风险评估方案编制的操作实例	2
			2）风险评估方案编制的操作实例		

续表

模块	课程	学习单元	课程内容	培训建议	课堂学时
2. 网络与信息安全管理	2-1 信息安全风险管理	（3）业务系统安全风险处置方案的编制	1）业务系统安全风险处置方案知识 2）业务系统安全风险处置方案的编制方法	（1）方法：讲授法、讨论法、实训（练习）法、演示法、案例教学法 （2）重点与难点：业务系统安全风险处置方案的编制方法	1
	2-2 网络安全等级保护	（1）网络安全等级保护定级	1）网络安全等级保护定级知识 2）网络和信息系统安全定级的操作实例	（1）方法：讲授法、讨论法、实训（练习）法、演示法、案例教学法 （2）重点与难点：网络和信息系统安全定级的操作实例	2
		（2）网络安全等级保护备案	1）网络安全等级保护备案知识 2）网络安全等级保护备案的操作实例	（1）方法：讲授法、讨论法、实训（练习）法、演示法、案例教学法 （2）重点与难点：网络安全等级保护备案的操作实例	1
		（3）网络安全管理制度的制定	1）网络安全管理制度知识 2）网络安全管理制度的制定方法	（1）方法：讲授法、讨论法、实训（练习）法、演示法、案例教学法 （2）重点与难点：网络安全管理制度的制定方法	1
	2-3 关键信息基础设施保护	（1）关键信息基础设施相关数据的安全保护	1）关键信息基础设施的定义 2）关键信息基础设施相关数据的安全保护要求	（1）方法：讲授法、讨论法、实训（练习）法、演示法、案例教学法 （2）重点与难点：关键信息基础设施相关数据的安全保护要求	2

课程包

续表

模块	课程	学习单元	课程内容	培训建议	课堂学时
2.网络与信息安全管理	2-3 关键信息基础设施保护	（2）关键信息基础设施安全检查支持	关键信息基础设施安全检查支持要点	（1）方法：讲授法、讨论法、实训（练习）法、演示法、案例教学法 （2）重点与难点：关键信息基础设施安全检查支持要点	1
3.网络与信息安全处置	3-1 信息安全事件预警	（1）信息安全事件预警机制的建立	1）信息安全事件预警机制的建立方法 2）信息安全事件预警机制的建立流程	（1）方法：讲授法、讨论法、实训（练习）法、演示法、案例教学法 （2）重点与难点：信息安全事件预警机制的建立流程	2
		（2）信息安全事件风险定级、响应级别设计和应急预案制定	1）风险定级、响应级别设计和应急预案制定的方法 2）风险定级、响应级别设计和应急预案制定的操作实例	（1）方法：讲授法、讨论法、实训（练习）法、演示法、案例教学法 （2）重点与难点：风险定级、响应级别设计和应急预案制定的操作实例	1
	3-2 信息安全事件证据保存	（1）静态数据的提取及固定	1）静态数据的提取及固定方法 2）静态数据提取及固定的操作实例	（1）方法：讲授法、讨论法、实训（练习）法、演示法、案例教学法 （2）重点与难点：静态数据提取及固定的操作实例	2
		（2）动态易失数据的提取及固定	1）动态易失数据的提取及固定方法 2）动态易失数据提取及固定的操作实例	（1）方法：讲授法、讨论法、实训（练习）法、演示法、案例教学法 （2）重点与难点：动态易失数据提取及固定的操作实例	1

续表

模块	课程	学习单元	课程内容	培训建议	课堂学时
3.网络与信息安全处置	3-3 信息安全事件应急响应	（1）复杂信息安全事件的响应及处理	1）信息安全事件的应急响应流程 2）响应并处理复杂信息安全事件的操作实例	（1）方法：讲授法、讨论法、实训（练习）法、演示法、案例教学法 （2）重点与难点：响应并处理复杂信息安全事件的操作实例	2
		（2）由信息安全事件造成的信息损坏的恢复	1）由信息安全事件造成的网络或系统损坏的常用恢复方法 2）恢复由信息安全事件造成的网络或系统损坏的操作实例	（1）方法：讲授法、讨论法、实训（练习）法、演示法、案例教学法 （2）重点与难点：恢复由信息安全事件造成的网络或系统损坏的操作实例	1
4.培训指导	4-1 培训实施	（1）培训需求的分析	培训需求分析的要求和方法	（1）方法：讲授法、讨论法、实训（练习）法、演示法、案例教学法 （2）重点与难点：培训需求分析的要求和方法	1
		（2）培训规划的编制	1）培训规划的编制要求 2）培训预算与决算方法	（1）方法：讲授法、讨论法、实训（练习）法、演示法、案例教学法 （2）重点与难点：培训规划的编制要求	1
		（3）培训教材、讲义、教案的组织编写	培训教材、讲义、教案的组织编写方法	（1）方法：讲授法、讨论法、实训（练习）法、演示法、案例教学法 （2）重点与难点：培训教材、讲义、教案的组织编写方法	1

续表

模块	课程	学习单元	课程内容	培训建议	课堂学时
4. 培训指导	4-1 培训实施	(4) 培训宣讲	培训宣讲方法	(1) 方法：讲授法、讨论法、实训（练习）法、演示法、案例教学法 (2) 重点与难点：培训宣讲方法	1
	4-2 技术指导	(1) 技能指导	操作技能的指导知识	(1) 方法：讲授法、讨论法、实训（练习）法、演示法、案例教学法 (2) 重点与难点：操作技能的指导知识	1
		(2) 考核指导	操作技能和理论知识水平的考核方法	(1) 方法：讲授法、讨论法、实训（练习）法、演示法、案例教学法 (2) 重点与难点：操作技能水平的考核方法	1
		(3) 技术改造、技术革新活动的组织开展	技术改造与革新的方法	(1) 方法：讲授法、讨论法、实训（练习）法、演示法、案例教学法 (2) 重点与难点：技术改造与革新的方法	1
课堂学时合计					40

2.2.8 培训建议中培训方法说明

（1）讲授法

讲授法指教师主要运用语言讲述，系统地向学员传授知识，传播思想理念。教学中，即教师通过叙述、描绘、解释、推论来传递信息、传授知识、阐明概念、论证定律和公式，引导学员获取知识，认识和分析问题。

（2）讨论法

讨论法指在教师的指导下，学员以班级或小组为单位，围绕学习单元的内容，对某一专题进行深入探讨，通过讨论或辩论活动，从而获得知识或巩固知识的教学方法，要求教师在讨论结束时对讨论的主题做归纳性总结。

（3）实训（练习）法

实训（练习）法指学员在教师的指导下巩固知识、运用知识，形成技能技巧的方法。学员通过实际操作的练习，掌握操作技能。

（4）演示法

演示法指在教学过程中，教师通过示范操作和讲解使学员获得知识、技能的教学方法。教学中，教师对操作内容进行现场演示，边操作边讲解，强调操作的关键步骤和注意事项，使学员边学边做，理论与技能并重，师生互动，提高学生的学习兴趣和学习效率。

（5）案例教学法

案例教学法指教师通过对案例进行分析，提出问题，分析问题，并找到解决问题的途径和手段，培养学员分析问题、处理问题的能力。

2.3 考 核 规 范

2.3.1 职业基本素质培训考核规范

考核范围	考核比重（%）	考核内容	考核比重（%）	考核单元
1．职业认知与职业道德	10	1-1 职业认知	3	职业认知
		1-2 职业道德基本知识	4	道德与职业道德
		1-3 职业守则	3	职业守则
2．计算机相关知识	20	2-1 计算机硬件基础知识	5	计算机硬件
		2-2 计算机软件基础知识	5	计算机软件
		2-3 操作系统基础知识	5	操作系统
		2-4 数据库基础知识	5	数据库

续表

考核范围	考核比重（%）	考核内容	考核比重（%）	考核单元
3．网络相关知识	20	3-1 网络协议基础知识	6	网络体系结构与协议
		3-2 组网设备基础知识	8	（1）组网设备概述
				（2）路由器基础知识
				（3）交换机基础知识
		3-3 网络配置、故障排查常用命令和工具基础知识	6	网络配置、故障排查常用命令和工具
4．网络安全基础知识	25	4-1 网络安全概述	5	网络安全概述
		4-2 网络安全基础技术	20	网络安全基础技术
5．相关法律法规、标准知识	25	5-1 法律、法规知识	15	法律、法规知识
		5-2 标准知识	10	标准知识

2.3.2 四级／中级工职业技能培训理论知识考核规范（网络安全管理员、信息安全管理员）

考核范围	考核比重（%）	考核内容	考核比重（%）	考核单元
1．网络与信息安全防护	40	1-1 网络安全配置与防护	15	（1）网络设备接口信息的配置
				（2）路由协议的配置
				（3）无线网络设备的配置
				（4）网络设备基础安全配置
		1-2 系统安全配置与防护	15	（1）Windows 操作系统密码策略与账户策略的配置
				（2）Linux 操作系统密码策略与账户策略的配置
				（3）Windows 操作系统自带防火墙的配置
				（4）Linux 操作系统自带防火墙的配置
				（5）防病毒软件的安装部署

考核规范（四级／中级工）

续表

考核范围	考核比重（%）	考核内容	考核比重（%）	考核单元
1．网络与信息安全防护		1-2 系统安全配置与防护		（6）Windows 操作系统安全审核功能的配置
				（7）Linux 操作系统安全审核功能的配置
		1-3 应用安全配置与防护	10	（1）常见应用服务的配置
				（2）应用服务基本防护的配置
2．网络与信息安全管理	30	2-1 网络安全管理	10	（1）交换机 VLAN 的配置
				（2）网络设备的远程管理
				（3）网络设备的用户安全级别管理
		2-2 系统安全管理	10	（1）Windows 操作系统用户和组的基本配置管理
				（2）Linux 操作系统用户和组的基本配置管理
				（3）Windows 操作系统文件和文件夹的访问权限管理
				（4）Linux 操作系统文件和文件夹的访问权限管理
				（5）操作系统补丁更新
				（6）防病毒软件安全保护策略配置和定期升级服务
		2-3 应用安全管理	10	（1）企业域名备案
				（2）企业应用域名解析的管理
				（3）应用数据备份
3．网络与信息安全处置	30	3-1 网络安全事件处置	15	（1）使用网络诊断工具识别及处理常见网络故障
				（2）常见网络层攻击的识别
		3-2 系统及应用安全事件处置	15	（1）常见系统安全事件的识别
				（2）恶意代码的检测与清除
				（3）应用数据的恢复

2.3.3 四级/中级工职业技能培训操作技能考核规范（网络安全管理员、信息安全管理员）

考核范围	考核比重（%）	考核内容	考核比重（%）	考核形式	选考方法	考核时间（分钟）	重要程度
1．网络与信息安全防护	40	1-1 网络安全配置与防护	15	操作	必考	15	X
		1-2 系统安全配置与防护	15	操作	必考	15	X
		1-3 应用安全配置与防护	10	操作	必考	15	X
2．网络与信息安全管理	30	2-1 网络安全管理	10	操作	必考	15	X
		2-2 系统安全管理	10	操作	必考	15	X
		2-3 应用安全管理	10	操作	必考	15	X
3．网络与信息安全处置	30	3-1 网络安全事件处置	15	操作	必考	15	X
		3-2 系统及应用安全事件处置	15	操作	必考	15	X

说明：重要程度"X"表示核心要素，是鉴定中最重要、出现频率最高的内容，具有必备性、典型性的特点；"Y"表示一般要素，是鉴定中一般重要的内容；"Z"表示辅助要素，是鉴定中重要程度较低的内容。

2.3.4 三级/高级工职业技能培训理论知识考核规范（网络安全管理员、信息安全管理员）

考核范围	考核比重（%）	考核内容	考核比重（%）	考核单元
1．网络与信息安全防护	40	1-1 网络安全防护	15	（1）企业级交换机、路由器的安全加固
				（2）边界防护设备的部署配置
				（3）入侵检测、防御系统的部署配置
				（4）无线网络安全的部署配置
				（5）网络安全审计设备的部署配置

续表

考核范围	考核比重（%）	考核内容	考核比重（%）	考核单元
1．网络与信息安全防护	40	1-2 系统安全防护	15	（1）系统安全策略的配置
				（2）系统自带防火墙访问控制规则的配置
				（3）常见恶意代码的防范
		1-3 应用安全防护	10	（1）数据加密传输的配置
				（2）Web应用防火墙的部署
				（3）应用安全审计的部署
2．网络与信息安全管理	30	2-1 网络安全管理	10	（1）防火墙网络访问控制管理
				（2）各类终端设备的无线网络接入管理
				（3）各类边界设备、网络节点的远程访问管理
				（4）网络设备安全日志的留存
		2-2 系统安全管理	10	（1）安全远程访问管理
				（2）系统漏洞和风险管理
				（3）应用系统备份管理
				（4）系统日志管理
				（5）应用系统备案
		2-3 应用安全管理	10	（1）互联网应用的安全管理
				（2）垃圾邮件等有害数据的过滤
				（3）互联网访问日志的管理及审计
3．网络与信息安全处置	30	3-1 网络安全事件监控和处置	10	（1）网络数据流量监控
				（2）攻击流量阻断
				（3）网络安全事件日志留存及上报
		3-2 系统安全事件监控和处置	10	（1）被病毒入侵或感染的计算机的识别、隔离
				（2）系统异常状态识别及系统后门清除
				（3）系统异常状态检测及恢复
				（4）病毒样本留存及上报

续表

考核范围	考核比重（%）	考核内容	考核比重（%）	考核单元
3．网络与信息安全处置	30	3-3 应用安全事件监控和处置	10	（1）数据库、Web 服务等应用访问日志的提取
				（2）日志分析与事件识别、定位
				（3）违法有害信息的识别及处置
				（4）应用安全事件相关记录、证据的留存及上报

2.3.5 三级/高级工职业技能培训操作技能考核规范（网络安全管理员、信息安全管理员）

考核范围	考核比重（%）	考核内容	考核比重（%）	考核形式	选考方法	考核时间（分钟）	重要程度
1．网络与信息安全防护	40	1-1 网络安全防护	15	操作	必考	15	X
		1-2 系统安全防护	15	操作	必考	15	X
		1-3 应用安全防护	10	操作	必考	15	X
2．网络与信息安全管理	30	2-1 网络安全管理	10	操作	必考	15	X
		2-2 系统安全管理	10	操作	必考	15	X
		2-3 应用安全管理	10	操作	必考	15	X
3．网络与信息安全处置	30	3-1 网络安全事件监控和处置	10	操作	必考	10	X
		3-2 系统安全事件监控和处置	10	操作	必考	10	X
		3-3 应用安全事件监控和处置	10	操作	必考	10	X

2.3.6 二级/技师职业技能培训理论知识考核规范（网络安全管理员）

考核范围	考核比重（%）	考核内容	考核比重（%）	考核单元
1．网络与信息安全防护	30	1-1 网络安全防护	10	（1）网络漏洞的扫描、分析及安全加固
				（2）安全域及安全策略的配置
				（3）重要设备硬件冗余的配置
				（4）VPN 的配置

续表

考核范围	考核比重（%）	考核内容	考核比重（%）	考核单元
1. 网络与信息安全防护	30	1-2 系统安全防护	10	（1）系统安全扫描及风险分析
				（2）启用数据加密策略对应用数据进行保护
		1-3 应用安全防护	10	（1）互联网应用漏洞的扫描及风险分析
				（2）漏洞测试及验证
				（3）Web应用防火墙的配置
				（4）反垃圾邮件网关实施方案的规划
2. 网络与信息安全管理	30	2-1 网络安全等级保护	15	（1）网络安全等级保护基础
				（2）网络安全基线配置的检查及加固整改
		2-2 应用安全评估	15	（1）互联网服务自评估
				（2）信息网络安全技术方案的编制
				（3）渗透测试工作的配合
				（4）根据渗透测试报告进行安全加固
3. 网络与信息安全处置	30	3-1 网络安全事件监测	10	（1）网络链路运行状况的监测
				（2）网络设备运行状况的监测
				（3）安全设备运行状况的监测
				（4）系统运行状况的监测
		3-2 网络安全事件分析	10	（1）设备监测数据的清洗及汇总
				（2）设备监测数据的分析
		3-3 网络安全事件响应	10	（1）常见网络安全事件的响应
				（2）常见网络攻击的溯源及上报
				（3）网络安全事件相关记录、证据的留存
4. 培训指导	10	4-1 培训实施	5	（1）培训工作计划的制订
				（2）培训方案的编制及实施
				（3）培训教材、讲义、课件的编写
				（4）培训宣讲
		4-2 技术指导	5	（1）技能指导
				（2）考核指导

2.3.7　二级/技师职业技能培训操作技能考核规范（网络安全管理员）

考核范围	考核比重（%）	考核内容	考核比重（%）	考核形式	选考方法	考核时间（分钟）	重要程度
1．网络与信息安全防护	30	1-1　网络安全防护	10	操作	必考	15	X
		1-2　系统安全防护	10	操作	必考	15	X
		1-3　应用安全防护	10	操作	必考	15	X
2．网络与信息安全管理	30	2-1　网络安全等级保护	15	操作	必考	15	X
		2-2　应用安全评估	15	操作	必考	15	X
3．网络与信息安全处置	30	3-1　网络安全事件监测	10	操作	必考	15	X
		3-2　网络安全事件分析	10	操作	必考	15	X
		3-3　网络安全事件响应	10	操作	必考	15	X
4．培训指导	10	4-1　培训实施	5	综合评审	必考	15	X
		4-2　技术指导	5	综合评审	必考	15	X

2.3.8　二级/技师职业技能培训理论知识考核规范（信息安全管理员）

考核范围	考核比重（%）	考核内容	考核比重（%）	考核单元
1．网络与信息安全防护	30	1-1　信息资产安全防护	10	（1）信息资产分类分级
				（2）安全域资源防护策略的制定
		1-2　数据安全防护	10	（1）数据安全存储策略、数据加密策略的配置
				（2）数据容灾策略的制定
		1-3　互联网信息安全防护	10	（1）重要信息脆弱性的评估及防护
				（2）员工个人信息安全策略的配置

续表

考核范围	考核比重（%）	考核内容	考核比重（%）	考核单元
2．网络与信息安全管理	30	2-1 数据安全管理	15	（1）数据在存储、通信中的公私钥和证书管理
				（2）数据高可用管理
				（3）重要数据保护
		2-2 互联网信息安全管理	15	（1）信息安全管理义务的履行
				（2）个人敏感信息安全保护技术方案的编制
				（3）个人敏感信息脆弱性的评估及防护
3．网络与信息安全处置	30	3-1 信息安全事件监测	10	（1）信息破坏事件的监测
				（2）信息内容安全事件的监测
				（3）其他信息安全事件的监测
		3-2 信息安全事件分析	10	（1）信息安全监测数据的清洗及汇总
				（2）信息安全监测数据的分析
		3-3 信息安全事件响应	10	（1）常见信息安全事件的响应
				（2）常见信息安全事件的溯源及上报
				（3）信息安全事件相关记录、证据的留存
4．培训指导	10	4-1 培训实施	5	（1）培训工作计划的制订
				（2）培训方案的编制及实施
				（3）培训教材、讲义、课件的编写
				（4）培训宣讲
		4-2 技术指导	5	（1）技能指导
				（2）考核指导

2.3.9 二级/技师职业技能培训操作技能考核规范（信息安全管理员）

考核范围	考核比重（%）	考核内容	考核比重（%）	考核形式	选考方法	考核时间（分钟）	重要程度
1.网络与信息安全防护	30	1-1 信息资产安全防护	10	操作	必考	15	X
		1-2 数据安全防护	10	操作	必考	15	X
		1-3 互联网信息安全防护	10	操作	必考	15	X
2.网络与信息安全管理	30	2-1 数据安全管理	15	操作	必考	15	X
		2-2 互联网信息安全管理	15	操作	必考	15	X
3.网络与信息安全处置	30	3-1 信息安全事件监测	10	操作	必考	15	X
		3-2 信息安全事件分析	10	操作	必考	15	X
		3-3 信息安全事件响应	10	操作	必考	15	X
4.培训指导	10	4-1 培训实施	5	综合评审	必考	15	X
		4-2 技术指导	5	综合评审	必考	15	X

2.3.10 一级/高级技师职业技能培训理论知识考核规范（网络安全管理员）

考核范围	考核比重（%）	考核内容	考核比重（%）	考核单元
1.网络与信息安全防护	30	1-1 网络安全风险评估	15	（1）组织整体业务系统安全风险的评估
				（2）网络和应用系统渗透测试及漏洞验证和修补

续表

考核范围	考核比重（%）	考核内容	考核比重（%）	考核单元
1．网络与信息安全防护	30	1-2 新技术、新应用安全防护	15	（1）云计算应用安全防护策略
				（2）物联网应用安全防护策略
				（3）移动互联网应用安全防护策略
				（4）工业控制系统安全防护策略
				（5）大数据应用安全防护策略
				（6）区块链等其他新技术、新应用安全防护策略
2．网络与信息安全管理	30	2-1 网络安全风险管理	10	（1）网络安全风险管理制度的制定
				（2）漏洞评估及安全管理措施制定
		2-2 网络安全等级保护	10	（1）网络安全等级保护定级
				（2）网络安全等级保护备案
				（3）网络安全等级保护建设的整改
				（4）网络安全自我监督检查
		2-3 关键信息基础设施保护	10	（1）关键信息基础设施安全检查
				（2）关键信息基础设施安全加固方案的编制
				（3）网络安全事件应急方案的编制
3．网络与信息安全处置	30	3-1 网络安全事件预警	10	（1）网络安全事件预警机制的建立
				（2）网络安全事件风险定级、响应级别设计和应急预案制定
		3-2 网络安全事件证据保存	10	（1）静态数据的提取及固定
				（2）动态易失数据的提取及固定
		3-3 网络安全事件应急响应	10	（1）复杂网络安全事件的应急响应
				（2）由网络安全事件造成的网络或系统损坏的恢复

续表

考核范围	考核比重（%）	考核内容	考核比重（%）	考核单元
4．培训指导	10	4-1 培训实施	5	（1）培训需求的分析
				（2）培训规划的编制
				（3）培训教材、讲义、教案的组织编写
				（4）培训宣讲
		4-2 技术指导	5	（1）技能指导
				（2）考核指导
				（3）技术改造、技术革新活动的组织开展

2.3.11 一级/高级技师职业技能培训操作技能考核规范（网络安全管理员）

考核范围	考核比重（%）	考核内容	考核比重（%）	考核形式	选考方法	考核时间（分钟）	重要程度
1．网络与信息安全防护	30	1-1 网络安全风险评估	15	操作	必考	15	X
		1-2 新技术、新应用安全防护	15	操作	必考	15	X
2．网络与信息安全管理	30	2-1 网络安全风险管理	10	操作	必考	15	X
		2-2 网络安全等级保护	10	操作	必考	15	X
		2-3 关键信息基础设施保护	10	操作	必考	15	X
3．网络与信息安全处置	30	3-1 网络安全事件预警	10	操作	必考	15	X
		3-2 网络安全事件证据保存	10	操作	必考	15	X
		3-3 网络安全事件应急响应	10	操作	必考	15	X
4．培训指导	10	4-1 培训实施	5	综合评审	必考	15	X
		4-2 技术指导	5	综合评审	必考	15	X

2.3.12 一级/高级技师职业技能培训理论知识考核规范（信息安全管理员）

考核范围	考核比重（%）	考核内容	考核比重（%）	考核单元
1．网络与信息安全防护	30	1-1 信息安全风险评估	15	（1）组织关键业务系统风险的评估
				（2）信息安全风险评估报告的出具
				（3）信息安全风险整改措施的制定
		1-2 新技术、新应用安全防护	15	（1）云计算应用安全防护策略
				（2）物联网应用安全防护策略
				（3）移动互联网应用安全防护策略
				（4）工业控制系统安全防护策略
				（5）大数据应用安全防护策略
				（6）区块链等其他新技术、新应用安全防护策略
2．网络与信息安全管理	30	2-1 信息安全风险管理	10	（1）信息安全风险管理制度的制定
				（2）漏洞评估及风险评估方案编制
				（3）业务系统安全风险处置方案的编制
		2-2 网络安全等级保护	10	（1）网络安全等级保护定级
				（2）网络安全等级保护备案
				（3）网络安全管理制度的制定
		2-3 关键信息基础设施保护	10	（1）关键信息基础设施相关数据的安全保护
				（2）关键信息基础设施安全检查支持

续表

考核范围	考核比重（%）	考核内容	考核比重（%）	考核单元
3．网络与信息安全处置	30	3-1 信息安全事件预警	10	（1）信息安全事件预警机制的建立
				（2）信息安全事件风险定级、响应级别设计和应急预案制度
		3-2 信息安全事件证据保存	10	（1）静态数据的提取及固定
				（2）动态易失数据的提取及固定
		3-3 信息安全事件应急响应	10	（1）复杂信息安全事件的响应及处理
				（2）由信息安全事件造成的信息损坏的恢复
4．培训指导	10	4-1 培训实施	5	（1）培训需求的分析
				（2）培训规划的编制
				（3）培训教材、讲义、教案的组织编写
				（4）培训宣讲
		4-2 技术指导	5	（1）技能指导
				（2）考核指导
				（3）技术改造、技术革新活动的组织开展

2.3.13 一级/高级技师职业技能培训操作技能考核规范（信息安全管理员）

考核范围	考核比重（%）	考核内容	考核比重（%）	考核形式	选考方法	考核时间（分钟）	重要程度
1．网络与信息安全防护	30	1-1 信息安全风险评估	15	操作	必考	15	X
		1-2 新技术、新应用安全防护	15	操作	必考	15	X
2．网络与信息安全管理	30	2-1 信息安全风险管理	10	操作	必考	15	X
		2-2 网络安全等级保护	10	操作	必考	15	X
		2-3 关键信息基础设施保护	10	操作	必考	15	X

续表

考核范围	考核比重（%）	考核内容	考核比重（%）	考核形式	选考方法	考核时间（分钟）	重要程度
3. 网络与信息安全处置	30	3-1 信息安全事件预警	10	操作	必考	15	X
		3-2 信息安全事件证据保存	10	操作	必考	15	X
		3-3 信息安全事件应急响应	10	操作	必考	15	X
4. 培训指导	10	4-1 培训实施	5	综合评审	必考	15	X
		4-2 技术指导	5	综合评审	必考	15	X